投影光栅 3D 显示技术

祁 林 著

西北工业大学出版社
西安

图书在版编目(CIP)数据

投影光栅3D显示技术/祁林著. —西安:西北工业大学出版社,2017.8

ISBN 978-7-5612-5585-8

Ⅰ.①投… Ⅱ.①祁… Ⅲ.①光栅—三座标显示器 Ⅳ.①TN873

中国版本图书馆CIP数据核字(2017)第204968号

策划编辑:付高明 李栋梁

责任编辑:杨丽云

出版发行:西北工业大学出版社

通信地址:西安市友谊西路127号 **邮编**:710072

电　　话:(029)88493844 88491757

网　　址:www.nwpup.com

印 刷 者:陕西金德佳印务有限公司

开　　本:850 mm×1 168 mm 1/32

印　　张:4.375

字　　数:89千字

版　　次:2017年8月第1版 2017年8月第1次印刷

定　　价:28.00元

前　言

3D(三维)显示器可以向观看者提供传统2D(二维)显示器所不能提供的深度信息,其信息量更加丰富,是显示设备发展的方向,有人预言它将成为下一代的主流显示设备。在多种3D显示技术之中,光栅3D显示技术因具有成本低、简单易实现、易于产业化等优点而备受人们青睐。传统的光栅3D显示器由2D显示器和柱透镜光栅或狭缝光栅两部分精密耦合构成,由于受到2D显示器分辨率、尺寸等参数的制约,难以实现大尺寸、高分辨率的3D图像显示。在基于传统光栅3D显示系统的基础上,本书提出两种基于柱透镜和狭缝光栅的投影3D显示系统。这两种系统能够克服传统光栅3D显示系统分辨率低、尺寸受限的缺点。

首先,本书设计并搭建了一套基于柱透镜和狭缝光栅的投影3D显示系统,该系统由投影机阵列、柱透镜光栅、背投影屏、狭缝光栅组成。投影机阵列水平放置并投射出多幅视差图像,经过柱透镜光栅后生成一幅合成图像并显示在背投影屏上,利用放置在背投影屏前面的狭缝光栅的遮挡作用,将合成图像中的不同视差图像分光至正确的视点,从而实现3D显示。再采用ASAP软件进行模拟仿真实验，验证理论设计的正确性。其次，为了进一步提升3D图像的亮度，采用柱透镜光栅代替狭缝光栅对合成图像进行分光，搭建了一套基于双柱透镜光栅的投影3D显示系统。相比基于柱透镜和狭缝光栅的投影3D显示系统，该系统的3D图像亮度提高了近2倍，大大提高了光利用率。同时讨论了投影3D显示系统元件的装配对3D显示效果的影响，包括合图柱透镜光栅和分光柱透镜光栅之间的相对倾斜角度、合图柱透镜光栅的焦平面与背投影屏之间的距离以及分光柱透镜光栅和合成图像像素之间的水平相对位置。

3D显示技术发展迅速，完整的3D图像评价指标亟待完善和统一。传统的3D图像质量评价方法有亮度、串扰和3D分辨率等，这些指标不能直接反应3D图像在深度方向的特征。本书提出了一种光栅3D显示图像的客观评价方法，该方法反映3D图像在深度方向上的特征。采用主观评价的方法验证了人眼对3D图像深度平面离散分布的感知，定量计算了离散深度平面的分布；定义深度方向上每英寸内的深度平面数为3D图像深度分辨率，定量地表示了3D图像在深度方向上的分布情况。

本著作由河南城建学院祁林老师编著。

由于水平有限，书中难免存在错误和疏漏之处，恳请广大读者批评指正。

祁　林

2017年8月

目录

摘要

3D(三维)显示器可以向观看者提供传统2D(二维)显示器所不能提供的深度信息,其信息量更加丰富,有人预言它将成为下一代的主流显示设备。随着3D大片《阿凡达》的热播以及世界杯首次进行的3D转播,3D显示受到越来越多的关注。在多种3D显示技术之中,光栅3D显示技术因具有成本低、简单易实现、易于产业化等优点而备受人们青睐。传统的光栅3D显示器由2D显示器和柱透镜光栅或狭缝光栅两部分精密耦合构成,由于受到2D显示器分辨率、尺寸等参数的制约,难以实现大尺寸、高分辨率的3D图像显示。

本书提出两种基于柱透镜和狭缝光栅的投影3D显示系统,这两种系统除了具有传统光栅3D显示器的简单易实现、成本低等优点之外,还易于实现高分辨率、大尺寸的3D图像显示。另外,3D图像质量的评价是3D显示技术发展不可或缺的一部分,本书提出了一种对投影3D显示图像进行评价的方法,该方法能够反映3D

图像在深度方向上的特性。该评价方法能广泛用于助视/光栅3D图像质量的评价。

本书具体研究内容分为以下三个部分。

(1)提出一种基于柱透镜和狭缝光栅的投影3D显示系统。该系统由投影机阵列、柱透镜光栅、背投影屏、狭缝光栅组成。投影机阵列水平放置并投射出多幅视差图像,经过柱透镜光栅后生成一幅合成图像并显示在背投影屏上,利用放置在背投影屏前面的狭缝光栅的遮挡作用将合成图像中的不同视差图像分光至正确的视点,从而实现3D显示。柱透镜光栅的像差直接影响合成图像的质量,而合成图像的质量又直接影响3D显示效果,因此,我们采用ASAP软件进行模拟仿真实验,优化设计柱透镜光栅参数使其像差最小。实验结果表明柱透镜光栅的折射率越大、孔径角越小,像差就越小,这为具体柱透镜光栅的选择提供了依据。此外还模拟仿真了合成图像的生成过程,验证了理论设计的正确性。无畸变、无垂直视差的视差图像是获得良好3D显示效果的前提,为此,我们采用单应性原理对视差图像进行校正,使多幅投影视差图像在投影屏上显示在同一矩形区域内,消除了视差图像之间的垂直视差和图像的畸变;搭建了一套50 in(英寸,1 in＝0.025m)的投影3D显示系统,并对其视区的光强分布做了测试,以此来评估3D显示系统的分光性能。该系统实现了大尺寸、高分辨率的3D图像显示,3D显示效果良好。

(2)为了进一步提升3D图像的亮度,我们提出一种基于双柱透镜光栅的投影3D显示系统。该系统由投影机阵列、合图柱透镜光栅、背投影屏、分光柱透镜光栅组成。投影机阵列投射出多幅视差图像，经过合图柱透镜光栅的折射后生成一幅合成图像并显示在背投影屏上，利用放置在背投影屏前面的分光柱透镜光栅将合成图像中的不同视差图像分光至正确的视点，从而实现 3D 显示。设计了复合柱透镜光栅来增大柱透镜光栅的焦距，以改善投影 3D 显示系统的观看距离。讨论了投影 3D 显示系统元件的装配对 3D 显示效果的影响，包括合图柱透镜光栅和分光柱透镜光栅之间的相对倾斜角度、合图柱透镜光栅的焦平面与背投影屏之间的距离以及分光柱透镜光栅和合成图像像素之间的水平相对位置。搭建了一套 50 in 的投影 3D 显示系统，相比基于柱透镜和狭缝光栅的投影 3D 显示系统，该系统的 3D 图像亮度提高了近 2 倍，大大提高了光利用率。采用模拟和实验两种方法验证了投影 3D 显示系统的分光效果，得到的结果和理论设计一致。该系统实现了大尺寸、高分辨率和高亮度 3D 图像显示，3D 显示效果良好。

(3)提出一种对助视/光栅 3D 图像评价的方法，该方法可以反映 3D 图像在深度方向上的特征。采用主观评价的方法验证人眼对 3D 图像深度平面离散分布的感知，验证结果表明，2D 显示器的像素节距越大，3D 图像深度平面离散分布越明显。定量计算了离散深度平面的分布，定义深度方向上每英寸内的深度平面数为 3D 图像深度分辨率，定量地表示了 3D 图像在深度方向上的分布情况。以人眼的视差融合能力和立体视觉阈值为依据，分别计算了 3D 图像的有效立体像区和立体视觉阈值分辨率。当 3D 图像深度分辨率大于人眼的立体视觉阈值分辨率时，人眼无法感知到 3D 图像深度平面的离散分布，3D 图像在深度方向上看起来就是连续的，3D 显示效果就好，反之，3D 图像在深度方向上看起来就是不连续的，3D显示效果就不好。研究了立体视觉阈值分辨率和3D图像深度分辨率与相关参数，包括2D显示器的像素节距、观看距离等的变化关系，得到3D图像深度分辨率大于人眼的立体视觉阈值分辨率的条件。

第1章 绪 论

人类社会快速通过了工业时代，进入了信息时代。人的生存离不开社会，离不开信息的传递，人们随时随地通过感官和肢体从外界获取信息。实验心理学家赤瑞特拉(Treicher)做了著名的心理实验，其中有一个就是关于人类获取信息的来源的。他通过大量的实验证实人类获取的信息83%来自视觉，11%来自听觉，3.5%来自嗅觉，1.5%来自触觉，1%来自味觉。视觉信息不仅量最大，而且最全面、准确，正所谓眼见为实。因此，在很长的历史时期内，人们都努力将各种信息转换为视觉信息，将信息以最直观的形式展现。目前，人类获取视觉信息最主要的媒介是显示器。自美国RCA公司在1939年推出世界上第一台黑白电视机之后，显示技术经历了彩色电视、液晶电视、高清电视等几个发展阶段，但是这些显示技术只能向人们提供三维场景的一个侧面，传递的是二维信息，没能提供场景的深度信息。而3D(三维)显示器可以将三维的场景展现给观众，使观众获得的信息量更加丰富，观看时仿佛身临其境。

1.1　3D显示技术的发展和现状

人类初次接触3D显示技术是1600年左右。由Giovanni Battista della Porta提出的体视绘图技术，通过对一个物体由两个方向来绘制两张图画，并分别将其送入人的左、右眼实现3D显示，这是人类对3D显示技术的一个大胆尝试，也是今天基于双目视差原理的3D显示技术的雏形。由于当时还没有照相技术，无法获得精确的图像，这项研究陷入了困境，也自此沉寂了两百多年。直到1827年Joseph Nicephore Niepce发明了照相技术之后，3D显示技术又再次回到人们的视野。1838年，Wheastone在英国皇家学会会议上提出了一种体视镜技术，用照相机在不同的方向上所拍摄得到的一个物体的两张照片，然后通过反光镜的反射将两张照片分别送入人的双眼，从而得到3D效果[1]。随后又有很多研究人员提出许多不同结构的体视镜技术，如Brewster体视镜、Holmes体视镜等，这类技术称为体视镜3D显示技术。这类技术向人眼提供的只是一对双眼信息，只能合成一个视角的立体图像，观看自由度非常小。1853年，英国人Rollman提出了立体照片方案。1888年，Fleece和Green开始制作立体电影。

进入20世纪，随着相关科学技术的快速发展，3D显示技术也逐渐摆脱一些技术瓶颈的制约进入一个新的阶段。1908年，法国人M. G. Lippmann提出了基于二维微透镜阵列的集成成像3D显示技术，但是由于当时实验条件的限制，该技术还只是停留在理论阶段。1911年，莫斯科大学的Sokolov用针孔阵列代替微透镜阵列进行了初步的实验,但是效果并不理想[2]。1918 年,美国的 Kanolt 提出了一种具有较广视角的视差全景照相技术,采用连续拍照的方法获取一空间物体的连续视差图像,使得观看者在移动的过程中可以看到空间物体的不同侧面,大大提高了观看立体图像的自由度。1915 年,世界上最早的立体电影在纽约问世,引起轰动。1938 年,好莱坞开始制作立体照片方式的立体电影。1961 年,美国 TAGA(图标艺术联合会)将柱透镜光栅图片的制作工艺列入会议议题,这是一个创造性的标志,为后来柱透镜光栅立体显示技术器奠定了基础。1948 年,英国的 D. Gabor 提出了全息照相术的原始方案,但当时的目的不是用于成像,而是用于改进电子显微镜[3]。随后,许多研究人员发现它能够用于立体像的再现,随即出现了白光再现全息术,其包括 1962 年 Denishok 提出的光栅全息术,1968 年 McGickert 提出的全息立体照相术,1969 年 Benton 提出的彩条全息术。1974 年,日本开始转播立体照片方式的立体电视节目。1983 年,德国的 Harwing 发明了圆筒面旋转方式的 3D 显示方式,美国的 Janson 利用高速旋转的二维 LED 实现 3D 显示,这两种技术就是如今体 3D 显示的雏形。

进入 21 世纪,随着计算机技术和平板显示技术的高速发展,3D 显示技术得到了空前的发展,许多 3D 显示的设想都变成了现实,并有成熟的产品进入市场[4]。3D 显示有望取代传统的 2D 显示成为下一代的主流显示方式。面对巨大的发展空间和诱人的经济效益,世界各国也都开始重视 3D 产业的发展,都希望在这个具有广阔市场空间的领域内抢占先机。基于液晶开关眼镜和偏振眼镜的 3D 电视已经日趋成熟并且进入市场,光栅 3D 显示器也在一些展览会上出现。结合2D/3D兼容、头部跟踪、互动等技术，已经实现了立体效果良好且有交互功能的3D显示系统。另外，已经研制出了具有九千万体素的体3D显示系统，实现了全视角的3D显示，完全达到虚拟实境的效果。在全息3D显示方面也已开发出利用全息技术再现影像的立体影像显示器，目前又研究出了一种可擦写光致折变聚合物全息3D材料，有希望在未来实现动态的全息3D显示。好莱坞电影《阿凡达》上映后，人们惊叹立体显示技术带来的视觉冲击力，产生了身临其境、更加接近真实世界的感受，其带来的经济效益也可见一斑。3D显示技术在未来的信息显示领域中必然成为争夺的焦点[5-9]。

总之，近两百年来，3D显示技术一直受到人们的关注，在发展中不断地成熟起来。在发展过程中，虽然出现了一些性能较好的3D显示器，但是相对3D显示领域巨大的前景空间，这些远远不够，还有太多的关键技术问题需要更多的研究人员去解决。

1.2 3D显示技术简介

现在3D显示技术已逐渐进入商品化阶段，已经有部分的3D显示产品从实验室进入了普通家庭。随着3D显示技术的进一步发展，会有越来越多的3D显示产品进入文化、教育、影视、医疗、通信、军事等领域。

1.2.1 3D 系统的组成

3D 系统涉及多方面的技术，主要由 3D 内容获取、图像编码、传输、图像解码、3D 显示五个部分组成[10-11]，具体如图 1-1 所示。采用等间距相机阵列记录三维场景，获得视差图像。编码系统将获得的视差图像信息除冗信息后编码成便于传输的视频流，经传输后进入解码器，按照显示端的要求重建视频信号后送至 3D 显示器以显示 3D 图像。

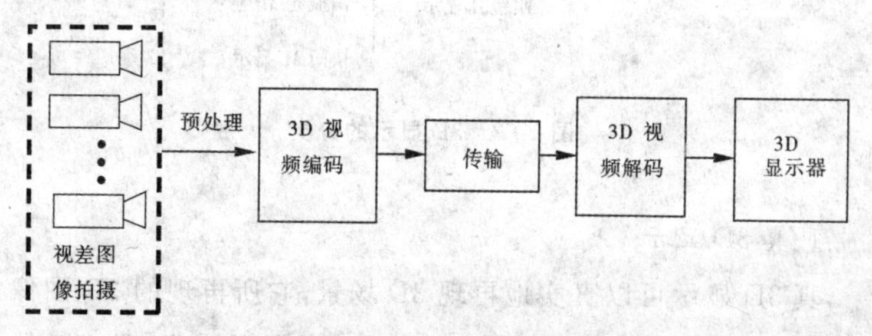

图 1-1 3D 系统的组成

1.2.2 3D 显示的分类

人类之所以能感知具有深度感的 3D 图像，主要依靠立体视觉原理。研究人员依据这个原理，研制了许多种类的 3D 显示设备，如眼镜 3D 显示、头盔 3D 显示、全息 3D 显示、集成成像 3D 显示和光栅 3D 显示等。诸多种类的 3D 显示可以按照成像方式和是否需要辅助观看设备分类。按照成像方式，3D 显示分为真 3D 显示和助视/光栅 3D 显示；按照是否依靠辅助观看设备，分为裸视 3D 显示和助视3D显示,具体分类如图1-2所示。

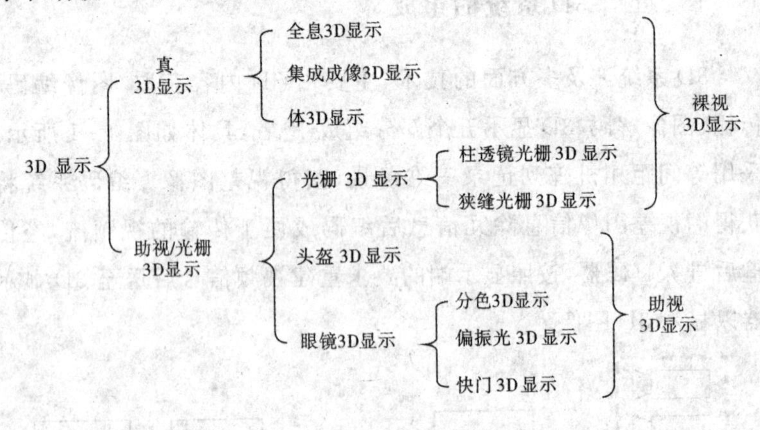

图1-2　3D显示的分类

1. 真3D显示

真3D显示可以真实地再现3D场景,它所再现的3D图像具有连续的视差,观看者可以获得观看真实物体的感觉,具有立体观看无视疲劳的优点。

(1)全息3D显示利用相关光干涉的原理,将物光波的振幅和相位信息都记录在储存介质中。当用光波照射存储介质时,根据衍射原理,就能重现出原始的物光波,再现像与原物有着完全相同的3D特性[12-13]。但是,传统的全息3D显示有很多的局限性,严重影响了它的应用。主要表现在以下四方面:第一,记录的内容受限,只能在实验室苛刻的条件下拍摄实物;第二,难以拍摄和再现运动的物体;第三,难以还原物体的颜色;第四,不易实现大屏显示。为了解决这些问题,研究人员们提出了计算机生成全息3D显示、数字合成全息3D显示[14-15]。这虽然可以使传统的全息3D显示摆脱一些限制，但从实用角度来看，仍有很大的局限性，短时期内还不能成为3D显示的主流。

(2)集成成像3D显示是一种通过微透镜阵列来记录和再现3D空间场景的真3D显示[16]。它利用周期排布的微透镜阵列记录空间场景，记录胶片放置在微透镜阵列的焦平面上，整个3D场景中每一点的信息通过微透镜阵列记录在平面上，由于每一个微透镜元都从不同的方向记录空间场景的一部分，因此场景中任一点的视差信息被扩散记录在胶片上。当胶片放在一张具有相同参数的微透镜阵列后面时，根据光路可逆原理，原来的3D空间场景将再现。相比全息3D显示，集成成像3D显示的实现不需要相关光源，数据量不是很大，无苛刻的实验条件，可以实现真彩色的显示，有人认为它会成为终极的3D显示。然而，还存在一些问题限制着它的广泛应用：第一，3D图像深度反转现象；第二，3D显示的观看视角窄，只有几度到十几度；第三，3D图像的深度范围小；第四，3D图像的分辨率低。克服这些问题是集成成像3D显示广泛应用的必要条件，目前虽有一些解决这些问题的方法[17-18]，但仍远远达不到广泛应用的要求，尚处研发阶段，短时期内也无法成为3D显示的主流。

(3)体3D显示用一个由空间体像素组成的空间立体屏再现三维物体，观看者可以在任何角度观看3D图像[19]，目前主要有三种实现方式：①层屏体3D显示[20]，它使用高速投影机将待显示的3D物体的等深度截面连续投射到由层屏组成的显示体的相对应的深度位置上，并且在短时间(如1/24 s)内完成在显示体上的一次投影成像，根据视觉暂留效应，人眼可以看到完整的3D图像。②动态屏体3D显示[21-22]，它依靠机械装置旋转或移动2D显示屏，利用人眼的视觉暂留效应实现空间立体显示效果。用于显示2D平面图像的动态屏既可以是直视显示屏，又可以是投影显示屏。当各种形状的动态屏随2D图像的周期对应地垂直摆动或旋转时，3D图像就体现出来了。③上转换发光体3D显示[23-24]，它利用两束相交的不同波长的红外激光交叉作用于上转换发光材料来显示3D图像。

2.助视/光栅3D显示

助视/光栅3D显示主要利用双目视差原理，依靠人眼的视差融合能力，将两幅视差图像融合得到3D图像。

(1)眼镜3D显示主要利用具有滤光功能的眼镜，将左、右眼视差图像分别送入左、右眼，从而实现3D显示。其中，分色3D显示是基于颜色分离的原理，观看者戴上分色眼镜，左、右眼分别看到不同光谱的左、右视差图像而实现3D显示，它主要包括基于互补色原理的分色3D显示和基于光谱分离原理的分色3D彩色显示[25-26]。偏振光3D显示基于光的偏振原理，观看者戴上偏振光眼镜，左、右眼分别看到不同偏振方向的左、右视差图像，从而实现3D显示[27]。快门3D显示利用时序交替的方式来实现3D显示，在显示屏上显示时序交替的左、右视差图像，观看者佩戴同步的时序快门眼镜，便能看到3D图像[28]。

(2)头盔3D显示的原理是将小型微显示屏所产生的图像由光学系统放大后成像供用户观看[29-30]。一般由微显示屏、光学成像系统、电路控制系统以及配重装置组成，各个部分紧凑精确地固定在一个类似头盔的装置上。两个独立的微显示屏和光学成像系统将左、右视差图像独立地送入人的左、右眼，从而实现3D显示。

(3)光栅3D显示包括柱透镜光栅3D显示和狭缝光栅3D显示，将多幅视差图像合成一幅合成图像显示在普通的2D显示器上，在前面放置一块柱透镜光栅或者狭缝光栅，利用柱透镜光栅的折射和狭缝光栅的遮挡，把左、右眼视差图像送入对应的眼睛中，从而实现3D显示。光栅3D显示器的原理将在第2章进行详细阐述。

1.3 投影3D显示的发展

投影机作为一种重要的显示媒介，可以提供大尺寸的图像，尤其适合影院、广告等场合。相比普通的2D显示器，投影图像除了图像尺寸大的优点以外，还有易于图像拼接、显示图像的像素节距可调等优点。3D显示出现之后，投影机作为显示大尺寸图像的最佳选择，无疑成为3D显示的最大看点。许多研究人员将投影机用于3D显示，设计出了各种投影3D显示系统。这里，按照观看时候是否需要佩戴辅助观看设备，将其分为两类，即助视投影3D显示系统、裸视投影3D显示系统。

1. 助视投影3D显示系统

助视投影3D显示系统的技术已经相当成熟，广泛用于影院剧场。助视投影3D显示系统需要观看者佩戴相应的眼镜才能观看3D画面，主要有三种实现方式，分别基于互补色原理、偏振光原理以及快门开关原理。下面分别介绍这三种系统。

(1)基于互补色原理的助视投影3D显示系统。两台投影机投射出两幅视差图像，投影机前面分别放置两个互补色（如红青、黄蓝）的滤光片，投影图像经过滤光片之后具有不同的颜色并显示在投影屏上，观看者佩戴对应的互补色眼镜，即可看到3D画面。这种技术成本很低，但是效果很差，颜色失真很严重，容易使观看者视觉疲劳，因此，新鲜了一段时间之后再没有引起过多的关注。直到2007年，Dolby公司开发了Dolby 3D系统，具有良好的3D显示效果，分色技术才重新受到人们的青睐。该系统采用光谱分离的原理，利用滤光片分别将两台投影机投射出的视差图像过滤为高频部分和低频部分，然后佩戴对应滤光眼镜观看3D画面[31-32]。这种分色技术比传统的互补色分离技术好得多，实现了真彩显示。

（2）基于偏振光原理的助视投影3D显示系统。将具有正交偏振特性的两块偏光片分别放置在两台投影机前，投影图像经过偏振片后具有正交的偏振特性并显示在投影屏上，观看者佩戴对应偏振特性的眼镜，即可观看到3D图像[33]。这里需要强调的是，为了保持投影图像的偏振特性，投影屏必须是是金属屏。这种投影3D显示的分光效果较好，图像色彩和亮度较好，只是屏的成本较高。

（3）基于快门开关原理的助视投影3D显示系统。随着快速响应液晶材料的出现，快门开关投影3D显示技术逐渐兴起。该系统主要包括一台高频的投影机和液晶快门开关眼镜。在同一台投影机上交替投射左、右视差图像的同时，通过信号同步发射器控制液晶快门眼镜的开关，保证显示视差图像和眼镜开关同步。具体来讲，当投射左视差图像时，左眼镜处于打开状态，右眼镜处于关闭状态；当投射右视差图像时，右眼镜处于打开状态，左眼镜处于关闭状态。总之，始终保证左、右眼分别看到左、右视差图像，从而实现3D显示。最近出现的采用DLP link技术的3D投影机通过在左右眼对应画面间加入脉冲同步信号来控制液晶眼镜的开关,不需要使用信号同步发射器,从而降低了成本[34]。

2.裸视投影3D显示系统

裸视投影3D显示系统不需要观看者佩戴辅助观看设备,可直接观看3D画面。它主要利用方向选择屏将投影视差图像分光到不同的视点,观看者站在正确的观看位置即可观看3D图像。方向选择屏是一种能够将入射光线反射或者折射到特定方向的屏。这类投影3D显示技术仍在研究阶段,有很多研究人员曾经提出过很多的设想,但由于相关技术的落后,很多仍处在理论阶段。可以按照成像方式,将裸视投影3D显示系统分为反射式、透射式以及旋转式三大类。

(1)反射式是指投影机和观看者位于屏的同一侧,观看到的投影图像经过了屏的反射。这类屏主要包括蝇眼透镜屏、猫眼透镜屏、三垂面反光屏、大型的凹面镜反射屏、平行柱透镜光栅背衬漫射面组合成的屏、曲面三垂面反光镜屏、直角双反光镜与平行柱透镜光栅组合成的屏、三垂面屏与平行柱透镜光栅组合成的屏、辐射式柱透镜光栅背衬漫射面组合成的屏、辐射式直角双反光镜和同心柱透镜光栅组合成的屏、三垂面屏和同心柱透镜光栅组合成的屏[35-40]。这类屏中的大多数由于制作工艺的限制难以实现。

(2)透射式是指投影机和观看者分别位于屏的两侧,投影图像经过屏透射后进入观看者眼睛。这类屏主要包括透射式双蝇眼透镜屏、大型凸透镜屏、透射式双柱透镜光栅屏、大型凸透镜与平行柱透镜光栅组合成的屏、透射式双辐射式柱透镜光栅、大型凸透镜与同心柱透镜光栅组合成的屏以及投影全息屏[36-38,41-44]。

(3)旋转屏是一种动态屏,高频的投影视差图像结合相应转动周期的旋转屏,将不同的视差图像分光到多个视点,从而实现3D显示[45-48]。这种显示系统多采用旋转的反射镜将不同帧频的视差图像反射到不同的视点,容易实现超多视点观看。

1.4 本书的研究意义及主要内容

光栅3D显示技术具有成本低、易实现的优点,被认为是最有前途的3D显示技术之一。传统的光栅3D显示器由2D显示器和柱透镜光栅(狭缝光栅)精密耦合而成,受限于2D显示器的制作工艺,这种传统的光栅3D显示器很难实现大尺寸、高分辨率的3D图像显示。投影机作为一种重要的显示媒介,具有可以提供大尺寸显示图像的优点。鉴于此,本书将投影显示和传统的光栅3D显示技术结合,提出了基于柱透镜和狭缝光栅的投影3D显示系统,该系统除了具有传统的光栅3D显示技术成本低、易实现的优点之外,还能够实现大尺寸、高分辨率的3D图像显示。这种投影3D显示技术具有较好的应用前景,适合于大尺寸3D画面的显示,如影院、展览等。

3D图像分辨率和尺寸是3D显示技术中比较重要的技术指标[49]。分辨率越高,图像看起来越细腻,则立体感就越强,大尺寸的图像则更容易让人具有立体感。许多研究人员采用投影的方式增大3D图像的分辨率和图像尺寸,研究人员采用复合多投影的方式满足集成成像3D显示对集成图像高分辨率的要求[50]。研究人员采用基于双狭缝光栅的投影方式实现大尺寸、高分辨率的3D图像显示[51]，在该投影3D显示系统中，采用两块狭缝光栅对投影图像进行分光，导致观看者看到的图像亮度很暗，严重影响了3D显示效果。为了提升3D图像亮度，改善3D显示效果，本书提出了两种基于柱透镜和狭缝光栅的投影3D显示系统，取得了良好的预期效果。

另外，3D显示技术已经到了广泛应用的阶段，但是3D图像却没有完整而系统的评价方法。伴随传统的2D显示器的发展，其图像质量评价也是随之完善的，如今已经基本形成了完善的评价方法，如分辨率、对比度、亮度、饱和度等。3D显示器要想成为主流的显示器，完善的图像质量评价方法是必不可少的。对于3D图像，传统的评价方法有3D图像串扰、亮度、分辨率以及视角等[52-57]，这些评价方法类似于对传统2D图像质量的评价，只能反映平面特性，不能反映3D图像在第三维方向，即深度方向上的特性。但是深度方向上的特征又恰恰是3D图像独有的特性之一，是与2D图像的本质区别之一。许多研究人员发现，在观看3D图像时会产生木偶剧效应、纸板效应等[58-60]，这正是3D图像在深度方向上特性的反映。鉴于3D图像质量评价的重要性，本书提出一种评价方法，适用于评价助视/光栅3D显示器显示的助视/光栅3D图像，该评价方法可以反映3D图像在深度方向上的特性。

本书涉及的主要内容包括以下几方面。

(1)介绍人眼立体视觉原理，包括生理学上的暗示和心理学上的暗示。详细阐述了两种光栅3D显示器的结构和原理以及相关的技术。

(2)提出一种基于柱透镜和狭缝光栅的投影 3D 显示系统。利用 ASAP 模拟实验,优化设计柱透镜光栅的参数,使其像差最小。分析柱透镜光栅的折射率、孔径角等参数对其像差的影响,发现柱透镜光栅的折射率越大、孔径角越小,其像差就越小,对具体实验中柱透镜光栅的选取具有指导意义。搭建了一套 50 in 的投影 3D 显示系统,实现了大尺寸、高分辨率的 3D 图像显示,3D 显示效果良好,并对系统的分光性能进行了验证。

(3)提出一种基于双柱透镜光栅的投影 3D 显示系统,详细阐述其结构原理和相关的计算。为了改善投影 3D 显示系统的观看距离,设计了一种复合柱透镜光栅来增大柱透镜光栅的焦距。讨论了投影 3D 显示系统元件的装配误差对 3D 显示效果的影响并提出了相应的解决办法,主要包括合图柱透镜光栅和分光柱透镜光栅之间的相对倾斜角度、分光柱透镜光栅焦平面与背投影屏之间的距离以及分光柱透镜光栅和合成图像像素之间的水平相对位置。搭建了一套 50 in 的投影 3D 显示系统,并采用实验和模拟两种方法对系统的分光性能进行分析。相比基于柱透镜和狭缝光栅的投影 3D 显示系统,该系统在实现大尺寸、高分辨率 3D 图像显示的同时,图像亮度提升了近 2 倍。

(4)提出一种能够反映助视/光栅 3D 图像空间成像质量的评价方法。首先,分析助视/光栅 3D 图像是由离散的深度平面构成的,采用主观评价的实验方法验证人们对离散深度平面的感知。其次,定量计算离散深度平面的分布,定义深度方向上每英寸内的深度平面数为 3D 图像深度分辨率,用公式定量地表示 3D 图像在深度方向上的分布情况。再次,以人眼的视差融合能力和立体视觉阈值为依据，分别计算了 3D 图像的有效立体像区和立体视觉阈值分辨率。最后，研究立体视觉阈值分辨率和 3D 图像深度分辨率与相关参数，包括 2D 显示器的像素节距、观看距离等的变化关系，得到 3D 图像深度分辨率大于人眼的立体视觉阈值分辨率的参数条件。

第 2 章　光栅 3D 显示原理与技术

立体视觉原理是人类感知 3D 显示的基础，人类之所以能看到 3D 图像，主要是依靠生理学和心理学上的暗示来感知深度信息。本书提出的投影 3D 显示系统结合了传统的光栅 3D 显示技术和投影显示。因此，本章对 3D 显示的视差图像的拍摄、处理与合成等过程，以及传统光栅 3D 显示原理与技术进行详细的介绍。

2.1　立体视觉原理

人之所以能够看到 3D 图像，主要源自对深度的感知。很久以前，人类的祖先就开始探究深度感的来源。公元前 280 年，古希腊数学家 Euclid 就曾经说过，深度感是每只眼睛所接受到同一物体的两个不一样的像时的同时印象[61]，这是人类第一次对深度感的探知。经过后来的研究人们发现，深度的感知来源于心理学上的暗示和生理学上的暗示。

心理学上的暗示是深度感知的重要因素，主要有视网膜上成像的大小、线性透视、大气透视、重叠、阴影和影子、纹理等[62-65]。

(1)视网膜上成像的大小。根据常识和经验，人们对很多物体的实际大小具有一定的了解。物体在视网膜上成像的大小和物体本身大小、观看距离有关系，因此在大概确定目标物体的实际大小后，人们可以根据物体在视网膜上成像的大小判断它的远近。例如，相同大小的两个物体，在视网膜上成像大的就离观看者近，在视网膜上成像小的就离观看者远。

(2)线性透视。视野内的所有景物，离观看者越远就会变得越小，如果景物中有线条存在的话更是可以看到明显的在远方方向内聚合的现象，这就是线性透视。线性透视是人类头脑中解释和创造立体感的概念，这种概念最初由西方的艺术家、建筑师、数学家和哲学家提出。

(3)大气透视。大气透视亦称空气透视，表现在画面上形成明暗不同的阶调透视、鲜淡不同的色彩透视。大气透视和线条透视一样，也存在着一定的规律性。当人们观察室外景物时，近处的景物较暗，远处的景物亮，最远处的景物往往和天空浑为一体，甚至消失；物体明暗反差不同，即距离近的景物反差较大，距离远的景物反差较小；近处的景物轮廓比较清晰，远处的景物轮廓较模糊；彩色物体，随着距离的变化，除有明暗之别之外，饱和度也发生变化。近处彩色景物色彩饱和，远处的彩色景物则清淡，不饱和。

(4)重叠。两个物体轮廓的重叠关系是一种较常见的深度暗示。当两个物体重叠在一起时，轮廓看起来连续的感觉距离更近一些。换句话说，前面的物体会将后面的某些物体遮挡，这种遮挡与被遮挡的关系称为重叠效应。

(5)阴影和影子。图像中暗的部分是因为光线被遮挡,亮的部分是因为光线的直接照射。当看到具有阴影效果的图片时,就会在心理上产生空间层次感。

(6)纹理。观看具有纹理结构的空间物体时,当物体距离观看者较远时,物体表面看起来更平滑和精细,同时具有较少可辨别的纹理细节;当物体接近观看者时,观看者就能看到纹理的更多细节。

生理学上的暗示是深度感知的主要因素。这主要有焦点调节、双眼集合、单眼移动视差和双目视差等。

(1)焦点调节。人为了看清楚远近不同的物体,依靠睫状肌的拉伸来调节眼睛晶状体的焦距。焦点调节仅仅和眼睛的调节功能有关,当人们用一只眼睛观看物体时,这种调节暗示也是存在的,所以这种暗示也称为单眼深度暗示。但是,这种暗示只有在和其他的一些暗示功能组合在一起并且在视距两米以内才是有效的。

(2)双眼集合。当人用双眼看物体上的一点时,双眼的视轴所组成的角度就称为集合角,如图2-1所示。当睫状肌拉伸使眼球略微转向内侧时,集合角就落在另外一个深度的点上,这时就会给人一种深度感觉暗示,这种跟双眼的集合角有关的暗示就称为双眼集合。实验证明双眼集合和前面提到的焦点调节之间是存在相互作用的,对于一定距离的双眼集合会自动引起相应的焦点调节,同时,焦点调节也会影响到双眼集合。

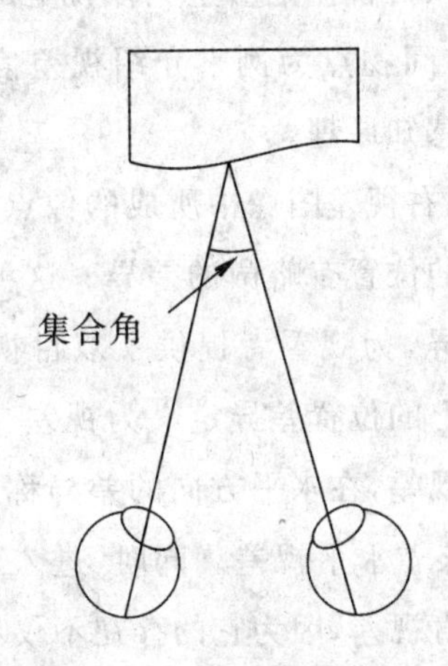

图 2-1　双眼集合示意图

(3)单眼移动视差。当人们遮挡一只眼睛来看空间场景的时候,若观看位置不变,焦点调节则成为对深度感知的唯一有效生理暗示。但是如果观看者的位置允许移动,空间场景内物体间的相对位置也会随之变化。这是由于空间场景内的各物体分布在与观看者不同的距离上,因此观看这些物体的角度也不相同,头部运动改变了物体在视网膜上成像的相对位置。例如,当头部向右运动时,较近的物体好像移向左边,而较远的物体则好像移向右边。

(4)双目视差。人在观看一个空间物体时,双眼是从略微不同的角度看这个物体的,因此左、右眼看到的是空间物体不同的两个侧面。在左、右眼视网膜上分别感受着不完全相同的刺激,这就是双目视差。由于人脑中枢有一种特殊的融合功能,可以将所接收的轻微不同(由双目视差所致)的两眼物像很好地融合在一起,便产生了立体视觉。双目视差是产生立体视觉的最主要的生理深度暗示，下面以一个空间物点为例来介绍视差信息在视差图像中的表现方式以及立体感知原理。

同一物点在左、右视差图像中所成的像点称为同名像点，它们在两幅视差图像上的位置有略微的差异。这种差异造成观看者双眼视网膜刺激的差异，为观看者提供了双目视差信息，因此，将同名像点在视差图像上的位置差异定义为视差。同名像点在竖直方向的差异称为垂直视差，在水平方向的差异称为水平视差，观看者感知 3D 图像主要依靠水平视差。同时，进入观看者左、右眼的视差图像中不能有垂直视差，因为它的存在不仅不利于 3D 显示且易引起观看者的视觉疲劳，因此应在视差图像中尽量消除垂直视差。

水平视差可分为正视差，零视差，负视差和发散视差。如图 2-2所示，假设空间一个物点 O，物点在左视差图像中所成像点位置为 O_L，其同名点在右视差图像中所成像点位置为 O_R。当点 O_R 位于点 O_L 右侧且它们之间的距离小于人眼目距 e 时为正视差，3D 显示时观看者将感知到再现像点 O 位于 2D 显示屏后方；当点 O_R 与点 O_L 重合时为零视差，3D 显示时观看者将感知到再现像点 O 位于 2D 显示屏上；当点 O_R 位于点 O_L 左侧时为负视差，3D 显示时观看者将感知到再现像点 O 位于 2D 显示屏前方。发散视差是指正视差值大于人眼目距 e 的情况，如果 3D 显示时视差图像中有发散视差，那么观看者在观看时两眼必须向外斜视，这和人眼特性不符，所以在视差图像中一般不会出现发散视差。

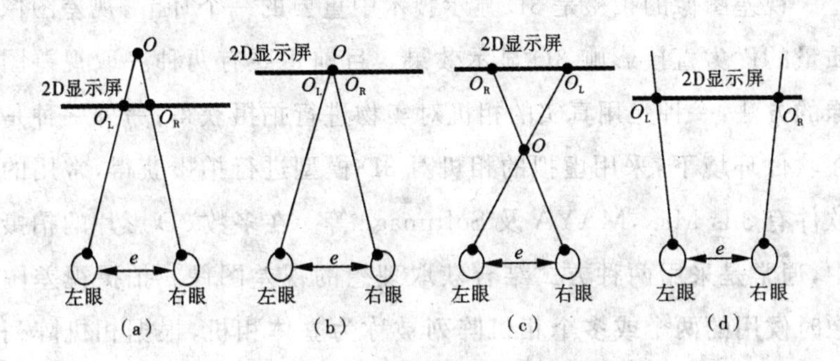

图 2-2　视差和立体感知原理

(a)正视差;(b)零视差;(c)负视差;(d)发散视差

2.2　视差图像的获取

由前所述的立体视觉原理可知:人眼在观看自然界物体时,两眼分别从稍有差异的不同角度观看物体,在左右眼视网膜上形成稍有差异的像,这种有差异的像经过大脑分析融合从而产生距离及深度感。实现 3D 显示的过程就是模拟人眼立体视觉的过程,而实现人工立体视觉的首要条件就是要给观看者左右眼提供如上所述的稍有差异的图像,即视差图像。立体拍摄的目的就是为了获得视差图像,用于助视/光栅 3D 显示。立体拍摄则是通过立体相机实现的。立体相机是由多个具有相同规格的相机组成的相机阵列,其中各个相机的参数设置相同,且各个相机可实现同步拍摄。而立体拍摄就是采用立体相机对同一场景拍摄,从而获得两幅或多幅视差图像的拍摄技术。

视差图像的拍摄是3D显示技术中重要的一个环节，视差图像质量的优劣直接影响3D显示效果。目前主要有两种获取视差图像的方法：一种是用真实的相机对实物进行拍摄获得；另外一种是在软件环境下，采用虚拟的相机对3D模型进行拍摄获得，常用的软件有3ds Max，MAYA及Softimage等。在多数3D影片的拍摄中，通常是采用两种方式结合获取理想的视差图像。拍摄视差图像时候用的两个或多个相机阵列被称为立体相机，根据相机阵列的摆放方式不同，分为平行式、汇聚式立体相机。这一节中将对视差图像的拍摄方式和立体相机的结构进行详细叙述。

2.2.1 视差图像的拍摄方式

(1)真实相机拍摄实物。对实物的拍摄是3D显示技术发展的必然要求，因为它具有多样的拍摄内容。立体相机由一组保持一定位置关系的相机阵列构成，如图2-3(a)所示。在拍摄某一空间场景的视差图像时，各个相机的参数必须保持一致，如焦距、感光度以及光圈。另外，在拍摄运动画面的时候，各个相机之间必须严格保持同步。相机的参数、相机之间的位置关系和拍摄所得的视差图像质量的优劣有直接的关系[66-67]。构成立体相机的相机阵列必须放置在同一水平面内，且相机之间的间距要根据拍摄景物的远近合理设置。

(2)虚拟相机拍摄3D模型。虚拟相机拍摄首先要制作所需的3D模型，在这里，我们采用3ds Max软件，它是一款专业的三维模型制作软件，广泛用于建筑装潢、工业制造、影视动画制作等领域。在3ds Max中大多数对象都是参数化的，通过设置其各项参数，达到创建、修改对象的目的。首先，要根据设计要求，设定对象的形状和尺寸，利用软件提供的变换操作工具改变对象在场景中的位置、方向和大小。其次，各个对象的调整可以分别在三维场景的三个侧面完成。完成对单个对象的操作后，通过复合对象建模将多个模型对象合并成为一个对象。再次，使用材质与贴图功能丰富对象的材质效果，从而创建出一个完美的3D模型。最后，借助3ds Max软件提供的灯光效果使创建的3D模型更加自然、逼真。

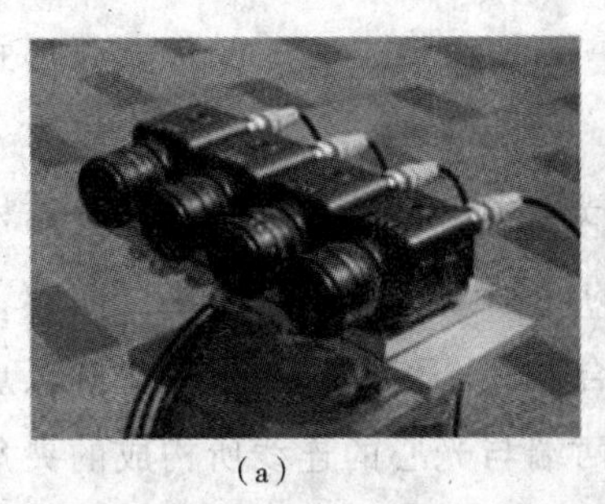

(a)

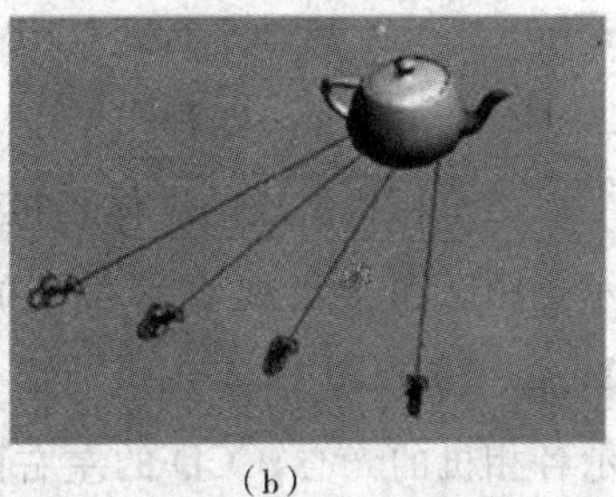

(b)

图2-3 视差图像的获取

3ds Max中构建的立体场景可以看作三维模型网格化后顶点数据的集合，因此可以利用计算机将三维顶点数据转换成二维平面图像的方法来模拟相机的拍摄过程，如图2-3(b)所示。3ds Max为用户提供了相机对象，可以从特定的观察角度表现场景。这种虚拟的相机具有超过真实相机的性能，它能够快速地更换镜头，其无级变焦能力更是真实相机无法比拟的。相机和拍摄对象之间的相对位置可以精确设定，相机的摆放位置也可以精确确定，这大大减少了真实相机拍摄实物时易出现的拍摄误差。另外，用真实相机拍实物时，很难保证不同的相机之间参数完全相同，这就会导致得到的视差图像之间存在亮度、颜色差异，而这些差异会引起左、右眼刺激失衡，降低再现 3D 图像的质量，采用虚拟相机拍摄 3D 模型则不会有这种情况。

2.2.2 立体相机的摆放方式

立体相机需按一定结构摆放来拍摄场景以获得视差图像，其摆放结构主要有平行式(Parallel Configuration)、会聚式(Toed - in Configuration)、离轴平行式(Off - axis Configuration)以及弧形式(Arc Configuration)四种[68-69]。

以三个相机组成的立体相机为例，图 2 - 4 给出了这四种结构的示意图。图中虚线表示相机的光轴，粗实线表示相机的 CCD (Charge Coupled Device，电荷耦合器件)面，CCD 上方的小圆黑点表示各相机的光心，CCD 的左右两端与光心的连线所构成的夹角为相机的水平视场角。

(1)平行式相机拍摄。立体相机的平行式摆放结构如图 2 - 4 (a)所示，两个相机放置在同一水平面内，且镜头的光轴互相平行。这种平行拍摄视差图像的方式有许多优点。第一，这种拍摄方法易于调整相机镜头之间的间距，只需要平行移动相机而不必使相机旋转，从而便于获得不同视差大小的视差图像。第二，平行拍摄得到的视差图像不存在透视形变。根据透视原理，正确摆放的平行式立体相机拍摄得到的视差图像只有水平视差而不会出现垂直视差，这恰是理想视差图像所必须的。但是这种相机摆放方式使得获取的整个三维场景的视差图像都只有负视差，这就会导致观看者只能感受到凸出 2D 显示屏的 3D 图像，而感受不到凹进 2D

显示屏的 3D 图像。为了使观看者感受到既有凸出又有凹进 2D 显示屏的 3D 图像，则需要将视差图像进行平移处理，使得三维场景中部分物体的视差由负视差变为正视差。此外，由于相机的平行放置，两个相机能够拍摄到的公共场景区域必定小于单个相机的场景区域，在视差图像的左、右两侧会有非立体区域。因此，需要剪裁视差图像的非立体区域，只保留场景的公共场景区域，这样一来，就会造成图像部分信息的丢失。

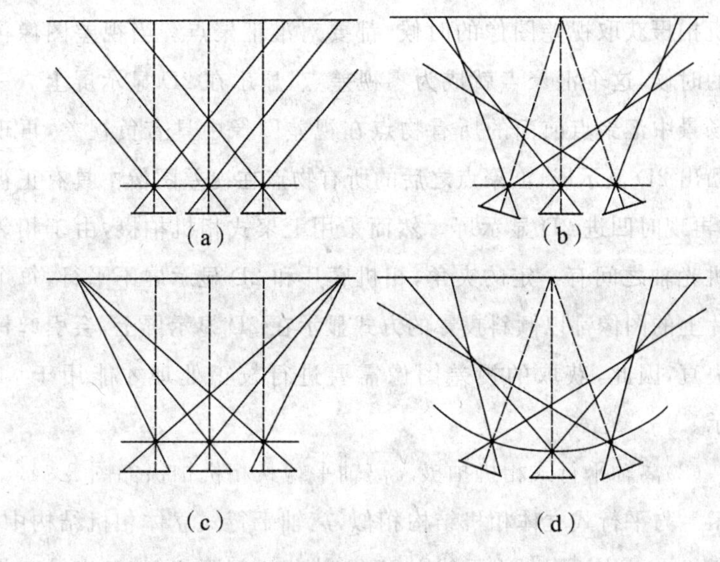

图 2-4　立体相机摆放方式结构示意图

(a)平行式结构；(b)会聚式结构；(c)；离轴平行式结构(d)弧形式结构

(2)会聚式相机拍摄。平行式相机拍摄的结构较为简单，但是这种拍摄方式仅仅适合于较少数目的视差图像获取，如果拍摄的视差图像数目过多，会导致视差图像之间的公共场景区域过小，最后显示的3D画面会变窄，画面纵横比失衡。汇聚式相机拍摄则能够拍摄多幅视差图像，不需要对获取的视差图像进行裁剪，不会导致3D画面变窄，可以实现三维场景的360°拍摄。

立体相机的汇聚式摆放结构如图2-4(b)所示，两个相机放置在同一水平面内，相机透镜的光轴绕着各自的光心向内旋转一定的角度，并且相交于一点，称为汇聚点。在汇聚式相机拍摄视差图像过程中，首先要在三维场景中选择一个物点作为汇聚点，在多个相机拍摄获取视差图像的时候，都要对准汇聚点。当视差图像再现的时候，这个汇聚点就成为零视差点，显示在2D显示屏上。三维场景中汇聚点前面的所有物点在视差图像中具有负视差，再现时凸出2D显示屏，汇聚点之后的所有物点在视差图像中具有正视差，再现时凹进2D显示屏。然而采用汇聚式相机拍摄，由于相邻相机光轴之间有一定的夹角，相机底片和2D显示屏不平行，每个底片上的图像都以倾斜投影的方式显示在2D显示屏上，会引起梯形失真，因此，获取的视差图像需要进行校正处理才能用于3D显示。

(3)离轴平行式相机拍摄。离轴平行式相机拍摄如图2-4(c)所示。与平行式立体相机结构相似，离轴平行式立体相机结构中，各相机光心位于同一水平线上，且立体相机间距相等，各光轴互相平行；但不同的是，各相机光轴相对CCD成像面中心在水平方向上有一定偏移量，且各CCD成像面中心与相对应相机光心的连线相交于一点，称之为汇聚点。

这种结构结合了平行式结构和会聚式结构的优点，公共场景区域大，没有梯形失真，视差图像用于3D显示时会聚点所在的深度平面上各物体成像于显示屏上，该深度平面前方的物体成像于显示屏前方，相应的该深度平面后方的物体成像于显示屏后方。然而这种结构对相机本身内部结构提出了特殊要求，且价格昂贵，操作复杂，并不是所有相机都能采用。

(4)弧形式相机拍摄。如图 2-4(d)所示，弧形式立体相机结构与前三种结构有所不同，各相机光心不是位于同一水平线上，而是位于一圆弧形上，相邻相机的光轴夹角相等且各相机光轴相交于该圆弧的圆心。

各相机视场相交构成一个圆形区域，位于该圆形区域内的物体可被所有相机拍摄到。当所采用的相机个数较多时，弧形式结构将是一个很好的选择。与会聚式结构相似，由于各相机光轴存在一定夹角，弧形式结构拍摄的图像也会出现梯形失真。当只采用两个相机时，弧形式立体相机结构与会聚式立体相机结构相同。

以上介绍了立体相机的摆放方式，相机间距决定了视差图像中视差的大小，视差小则 3D 效果不明显，视差大则超出人眼的融合功能，引起头晕、恶心等不适。因此只有当视差图像的视差值合理时，才能得到较好的 3D 显示效果。视差图像中视差值的大小与相机焦距、立体相机间距以及物体与相机间的距离等有关，其中相机焦距以及物体与相机间的距离主要由拍摄实际情况来决定。其中，立体相机间距是影响视差大小的最关键因素。

假设立体拍摄时，立体相机间距为 B，相机焦距为 f，立体场景中最近物体与立体相机间的距离为 D_n。根据立体成像几何关系可知相机成像面上水平视差最小值为

$$P_{\min} = -\frac{fB}{D_n} \tag{2-1}$$

而相机拍到的视差图像中，零视差在无穷远点，即视差图像上视差范围为

$$-\frac{fB}{D_n} < P < 0 \tag{2-2}$$

显示屏图像相对于相机 CCD 成像面图像的放大倍数为 k，因此，视差范围由式(2-2)变换为

$$-\frac{kfB}{D_n} < P < 0 \tag{2-3}$$

3D 显示时，观看者的眼睛调节功能使得双眼聚焦在显示屏上，而再现物体是凸出或凹进显示屏，因而两眼集合位置并不位于显示屏上。由此可见，双目视差原理不完全符合人们观看真实物体的生理特点，当双目视差过大时将使得眼睛的调节与集合功能之间产生较大矛盾，从而产生头晕、眼睛酸痛甚至恶心呕吐等不良反应。根据人眼的立体视觉原理，为了保证观看者在长时间观看立体图像时的舒适性，需将视差大小控制在一定范围内。设人眼能够产生立体视觉所对应的最大负视差和最大正视差分别 $P1$ 和 $P2$，则视差图像中所有物点的视差 P 应满足

$$P1 < P < P2 \tag{2-4}$$

因此，需使得

$$\frac{kfB}{D_n} \leqslant P2 - P1 \tag{2-5}$$

即

$$B \leqslant \frac{D_n(P2 - P1)}{kf} \tag{2-6}$$

然后平移视差图像，使得距离相机最近的物体，即 D_n 处物体

的视差在可融合负视差范围内。

式(2-6)对立体拍摄具有实际的指导意义。如今 3D 电影、3D 游戏等相关产业逐渐兴旺。3D 显示设备的多样性使得相关立体内容的制作受到一定的影响。如果将完全同样的 3D 影片放在不同尺寸的 3D 显示设备上显示,不可能都得到很好的立体效果。例如,3D 电影、家庭 3D 电视、3D 电脑显示器和 3D 手机显示屏等播放设备上使用的立体影片,就应该使用不同的立体相机间距拍摄得到。因此,应当根据其可能被放映的场合和使用的设备,使用多种立体相机间距来拍摄用于多种设备播放的立体影片,并将其发布为不同的 3D 显示设备的版本。消费者根据自己的 3D 显示设备的种类购买相应的版本,才能很好地享受到 3D 技术带来的震撼感受。

2.3　视差图像的处理与合成

获取的多幅视差图像需要按照一定的规律重新排列生成合成图像,才能用于光栅 3D 显示器。如果不对获取的视差图像做任何处理,直接用来合成图像,则会严重影响甚至失去再现的 3D 效果。因为无论采用哪种相机摆放方式,都会存在视差图像的畸变和颜色失真。另外,平行式相机拍摄得到的视差图像只有负视差存在,影响 3D 图像的深度感。所以,为了得到效果最佳的 3D 图像,需要对获取的视差图像进行处理。

2.3.1 视差图像的处理

1.几何畸变的校正

真实相机的光学成像系统并非理想的光学成像系统,成像点位置与理想成像点的位置之间会有偏差,称为镜头畸变,也称为几何畸变。几何畸变主要有径向和切向畸变,其中径向畸变是主要因素。一般情况下,在相机的非线性模型条件下,非线性畸变可由一阶径向畸变描述[70]。如图2-5所示,(x,y)为线性模型下的图像点坐标,(x',y')为非线性模型下的图像点坐标,k是一阶径向畸变系数,则存在以下变换关系:

$$x' = [1 + k(x^2 + y^2)]x \tag{2-7}$$

$$y' = [1 + k(x^2 + y^2)]y \tag{2-8}$$

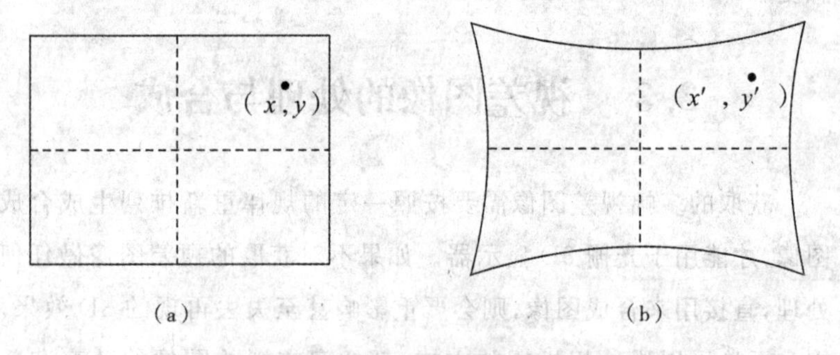

图2-5 基于线性模型和非线性模型的图像坐标

(a)线性模型;(b)非线性模型

只要确定一阶径向畸变系数k,就可以求得图像点坐标在非线性模型下和线性模型下的变化关系,实现视差图像的几何畸变校正,其中畸变参数可由相机标定技术确定[71]。确定径向畸变系数有很多种方法，如相机标定技术、基于矩形参考物的标定方法等。

2.颜色失真的校正

多幅视差图像是由多个相机组成的立体相机拍摄同一场景获得的。即使是同一型号的相机也会有一些差异，如相机镜头光圈设置、滤色片等都不可能完全一致，这些因素将使得拍摄得到的视差图像的颜色具有一定的差异。另外，在拍摄的时候，相机的位置和角度的不同会导致光线明暗略有差异，这会影响拍摄得到的视差图像颜色。受上述因素影响，同一场景在不同视差图像中成像的颜色将会存在差异，称之为颜色失真。若视差图像间的颜色失真较大，那么多幅视差图像生成一幅合成图像并用于3D显示时，左、右眼看到的视差图像颜色不一致，极易引起观看者的视觉疲劳。因此，为了得到质量最佳的3D图像，在生成合成图像前需对多幅视差图像预先进行颜色校正[72]。目前的颜色校正技术研究主要集中在对不同的输入输出设备所获取的图像进行标准化，所采用的方法通常是：利用一幅已知的标准图像，用特定的输入（输出）设备，对输入（输出）前后的图像进行比较，找出两者之间的映射关系，再利用此映射关系对其他图像进行颜色校正。鉴于该颜色校正思想，并结合视差图像的特点，可得到一种适用于视差图像颜色校正的方法。其校正原理及过程主要包括以下三个步骤。

第一，使用立体相机拍摄目标对象，得到多幅颜色失真的视差图像，并选择其中颜色质量最佳的一幅视差图像作为标准视差图像，其他视差图像均为待校正视差图像。

第二，寻找待校正视差图像和标准视差图像的特征点，采用匹配算法得到精确的特征匹配点。

第三，利用待校正视差图像和标准视差图像的匹配特征点的颜色信息构建一个映射关系，将该映射关系应用到整幅视差图像进行颜色校正，使待校正的视差图像与标准视差图像的颜色一致。

其中，构造映射关系是颜色校正技术中最关键的一步，它的实质就是寻找两组数据之间的内在联系。找出两组对应数据之间的关系，通常采用的方法是回归分析。通过比较使用各种颜色空间的效果，得出使用 YUV 颜色空间模型时颜色校正效果最佳。因此，可在校正前先将数字图像进行从 RGB 空间到 YUV 空间的转换，变换公式如下：

$$y = 0.299 \times r + 0.587 \times g - 0.114 \times b \tag{2-9}$$

$$u = (-0.169) \times r + (-0.332) \times g + 0.500 \times b + 128 \tag{2-10}$$

$$v = 0.500 \times r + (-0.419) \times g + (-0.0813) \times b + 128 \tag{2-11}$$

然后，利用两幅视差图像中匹配特征点对的 YUV 颜色信息，应用回归分析来寻找两幅视差图像之间的映射关系。假设（y_a，u_a，v_a）是待校正视差图像中一个匹配特征点的 yuv 分量值，（y_b，u_b，v_b）是标准视差图像中相应匹配特征点的 yuv 分量值，则回归模型用多项式形式可表示为

$$y_b = c_{y000} + c_{y001} y_a + c_{y010} u_a + c_{y100} v_a + c_{y020} y_a^2 + c_{y020} u_a^2 + c_{y200} v_a^2 + c_{y011} y_a u_a + c_{y101} y_a v_a + c_{y110} u_a v_a \cdots + e \tag{2-12}$$

其中，c_y 为系数。与此类似，可以得到 u_b 和 v_b 的等式。模型中，多项式的项数取决于回归模型的次数，如果采用线性回归，则

为4项；如果采用二次回归，则为10项；如果采用三次回归，则为19项，以此类推。

应用回归分析，将式(2-12)的回归模型用矩阵表达为如下形式：

$$Y = XC + E \tag{2-13}$$

其中，X 矩阵由待校正视差图像中匹配特征点的 yuv 值来构成，其维数为 $n \times t$，Y 矩阵由标准视差图像中对应匹配特征点的 yuv 值来构成，其维数为 $n \times 3$，C 为系数矩阵，其维数为 $t \times 3$，E 为余数矩阵，代表回归分析的误差。这里，n 表示用来构造映射关系的匹配特征点对的数目，t 是多项式中系数的数目。

采用最小二乘法估计，可以得到系数矩阵基于均方误差最小时的最佳估计为

$$C = (X^T X)^{-1} X^T Y \tag{2-14}$$

在回归分析中，多项式次数对计算效率的影响非常大。多项式增加一次，计算的复杂度将增加很多。所以，在不影响模型准确度的情况下，应尽量采用低次多项式。当采用一次多项式时，矩阵 Y, X, C 分别为

$$Y = \begin{bmatrix} y_{b1} & u_{b1} & v_{b1} \\ y_{b2} & u_{b2} & v_{b2} \\ \cdots & \cdots & \cdots \\ y_{bn} & u_{bn} & v_{bn} \end{bmatrix} \tag{2-15}$$

$$X = \begin{bmatrix} 1 & y_{a1} & u_{a1} & v_{a1} \\ 1 & y_{a2} & u_{a2} & v_{a2} \\ \cdots & \cdots & \cdots & \cdots \\ 1 & y_{an} & u_{an} & v_{an} \end{bmatrix} \tag{2-16}$$

$$C=\begin{bmatrix} C_{y000} & C_{u000} & C_{v000} \\ C_{y001} & C_{u001} & C_{v001} \\ C_{y010} & C_{u010} & C_{v010} \\ C_{y100} & C_{u100} & C_{v100} \end{bmatrix} \tag{2-17}$$

应用式(2-14)可求得系数矩阵 C,然后可对待校正视差图像进行校正。假设视差图像大小为 $M\times N$,用其每个像素点的 yuv 值构成一个矩阵

$$X=\begin{bmatrix} 1 & y_{a11} & u_{a11} & v_{a11} \\ 1 & y_{a12} & u_{a12} & v_{a12} \\ \cdots & \cdots & \cdots & \cdots \\ 1 & y_{aMN} & u_{aMN} & v_{aMN} \end{bmatrix} \tag{2-18}$$

用矩阵 X 与矩阵 C 相乘可得到新矩阵

$$X'=\begin{bmatrix} 1 & y_{a11'} & u_{a11'} & v_{a11'} \\ 1 & y_{a12'} & u_{a12'} & v_{a12'} \\ \cdots & \cdots & \cdots & \cdots \\ 1 & y_{aMN'} & u_{aMN'} & v_{aMN'} \end{bmatrix}=XC$$

$$=\begin{bmatrix} 1 & y_{a1} & u_{a1} & v_{a1} \\ 1 & y_{a2} & u_{a2} & v_{a2} \\ \cdots & \cdots & \cdots & \cdots \\ 1 & y_{an} & u_{an} & v_{an} \end{bmatrix}\begin{bmatrix} C_{y000} & C_{u000} & C_{v000} \\ C_{y001} & C_{u001} & C_{v001} \\ C_{y010} & C_{u010} & C_{v010} \\ C_{y100} & C_{u100} & C_{v100} \end{bmatrix} \tag{2-19}$$

矩阵 X'中($y_{aij}{}'$,$u_{aij}{}'$,$v_{aij}{}'$)值(其中 $i=1,2,\cdots,M;j=1,2,\cdots,N$)表示待校正视差图像对应的校正后视差图像中各个像素点的

yuv值。

最后利用YUV颜色空间到RGB颜色空间的变换公式，将校正后视差图像转换到RGB空间，变换公式如下：

$$r = y + 1.4075 \times (v - 128) \tag{2-20}$$

$$g = y + (-0.3445) \times (u - 128) + (-0.7169) \times (v - 128) \tag{2-21}$$

$$b = y + 1.7790 \times (u - 128) \tag{2-22}$$

这样，就以标准视差图像为基准完成了对其他各幅待校正图像的颜色校正。

3.视差图像的平移

在理想情况下，立体相机平行拍摄得到的视差图像不存在垂直视差和梯形失真，但是视差图像中只有负的水平视差而没有正的水平视差，这就导致再现的3D图像只有凸出2D显示屏外而没有凹进2D显示屏内的效果[73]。另外，平行式相机拍摄目标对象的时候，相机间距最小值是相机本身的宽度，因此有可能导致拍摄近距离物体时候得到的负水平视差值过大，超出大脑的视差融合范围，无法获得3D效果。通过对视差图像进行平移处理，可以改变视差图像中的水平视差大小，从而获得正、负水平视差，同时可以保证水平视差值不超过大脑的可融合范围。

平行式相机拍摄空间场景获取视差图像的时候，所有物体都只有负的水平视差，距离相机越远的物体的视差值越趋近于0。假设场景中有n个不同深度的物体，从物体1到物体n离相机的距离逐渐增大，则在拍摄得到的视差图像中，水平视差分别为P_{x1}，P_{x2}，…，P_{xn}，满足以下关系

$$P_{x1} < \cdots < P_{xm-1} < P_{xm} < P_{xm+1} < \cdots < P_{xn} < 0 \quad (2-23)$$

在所有的负水平视差物体中，选取第 m 个物体作为参考物体，通过平移视差图像，使得该物体的水平视差大小变为0，即 $P_{xm}=0$。由公式可以看出，平移之后，位于第 m 个物体前面的物体仍保持负水平视差，但是其水平视差绝对值减小，再现时，这些物体将凸出2D显示屏；第 m 个物体由负水平视差变为零水平视差，再现时，该物体位于2D显示屏上；位于第 m 个物体后面的物体由负水平视差变成正水平视差，再现时，这些物体将凹进2D显示屏。

视差图像平移之后，需要将视差图像对左、右两侧的非立体图像区域裁减掉。因此，为保证图像内容不产生形变，在平移之后，剪切掉视差图像左、右边缘的图像信息的同时，应该剪掉视差图像上、下边缘的图像信息。

4. 垂直视差的消除

在拍摄过程中，如果相机没有精确摆放在同一个水平面内，拍摄得到的视差图像会有垂直方向的视差。另外，拍摄相机的视轴不平行会引入梯形失真，这也会导致视差图像有垂直视差。研究人员发现当垂直视差大于1 PD(1棱镜度)的时候，将严重影响再现3D图像的质量，引起严重视觉疲劳[74]。因此，为了获得良好的3D显示效果，要对拍摄使用的多个相机进行标定，得到各相机的相关参数，然后根据极线约束关系等条件对视差图像进行校正[75,76]。

以两幅视差图像为例，用两个相机从不同角度拍摄空间物体得到的左、右视差图像，并生成一幅合成图像，如图2-6所示。图2-6(a)是未经过校正的视差图像生成的合成图像，我们可以看出，合成图像中不仅有水平视差，还有垂直视差。图 2-6(b)表示的是经过校正的视差图像生成的合成图像，可以看出，校正后的合成图像中消除了垂直视差。

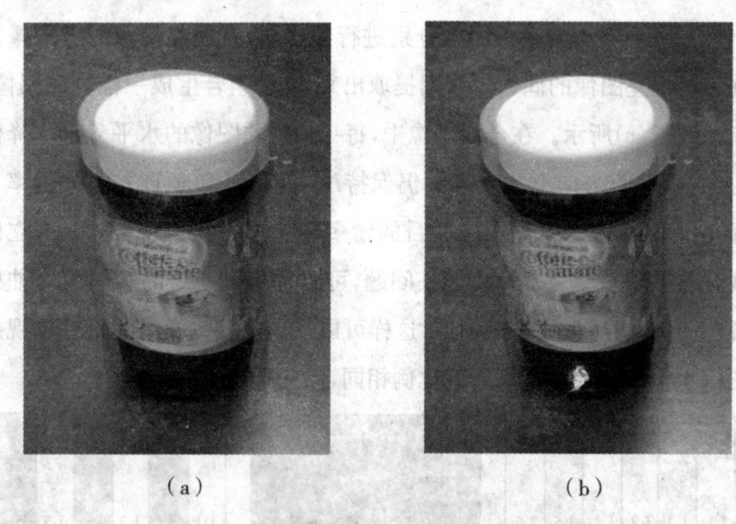

(a)　　　　　　　　　　(b)

图 2-6　校正前后的视差图像生成的合成图像

(a)校正前；(b)校正后

2.3.2　视差图像的合成

经过处理的视差图像还不能直接用于 3D 显示，因为用于光栅 3D 显示器的合成图像完全不同于普通的 2D 图像，需要将多幅视差图像制作成一幅合成图像才能用于显示。为了叙述简单而又不失原理性，以两幅视差图像为例描述视差图像的合成过程。设两幅视差图像的分辨率是$N_h \times N_v$，2D 显示屏的物理分辨率也是$N_h \times N_v$。不管采用怎么样的生成方式，合成图像的分辨率都不能超过 2D 显示屏的物理分辨率。因此，视差图像要先经过采样并满足屏分辨率要求后才能生成合成图像。图 2-7(a)(b)分别是左、右眼的视差图像，Ln表示左眼视差图像的像素列，Rn 表示右眼视差图像的像素列。

首先要对两幅视差图像分别进行抽样，将左视差图像的奇数像素列和右视差图像的偶数像素列提取出来，交替组合生成一幅合成图像，如图 2-7(c)所示。在合成图像中，每一幅视差图像的水平分辨率降低为$N_h/2$，竖直方向上的分辨率仍保持N_v，即水平和竖直方向分辨率下降比例不同，随着视差图像数目的增多，这种比例失调就越严重，立体观看效果越差。为了解决这一问题，可以采用以一定的倾斜角度抽样视差图像，然后生成合成图像，这样可以使得合成图像中的每一幅视差图像水平和竖直分辨率降低比例相同，保证再现 3D 图像质量。

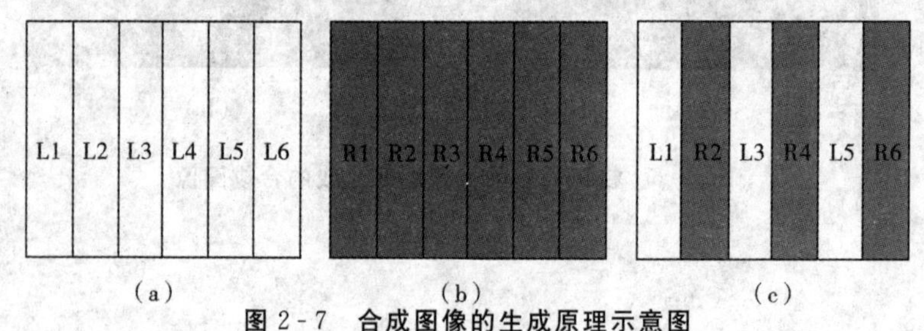

图 2-7　合成图像的生成原理示意图

(a)左视差图像；(b)右视差图像；(c)合成图像

2.4　光栅 3D 显示器的原理

合成图像中包含多幅视差图像，要实现 3D 显示，需要将合成图像中不同的视差图像分光至正确的视点。光栅 3D 显示器大都是在 FPD，LCD 等普通 2D 显示器前面耦合光栅构成，通过光栅对视差图像进行分光。根据光栅类型的不同，可将光栅 3D 显示器分为狭缝光栅 3D 显示器和柱透镜光栅 3D 显示器两种。下面我们分别介绍这两种显示器的原理。

2.4.1　狭缝光栅 3D 显示器

狭缝光栅 3D 显示是一种较易实现的 3D 显示技术，具有成本低的优点。我们以两视点狭缝光栅 3D 显示器来阐述它的显示原理，如图 2-8 所示。包含两幅视差图像的合成图像显示在 2D 显示器上，在 2D 显示器前面放置狭缝光栅，利用其交替遮挡的作用进行分光，保证左、右视差图像分别进入观看者的左、右眼[77-78]。

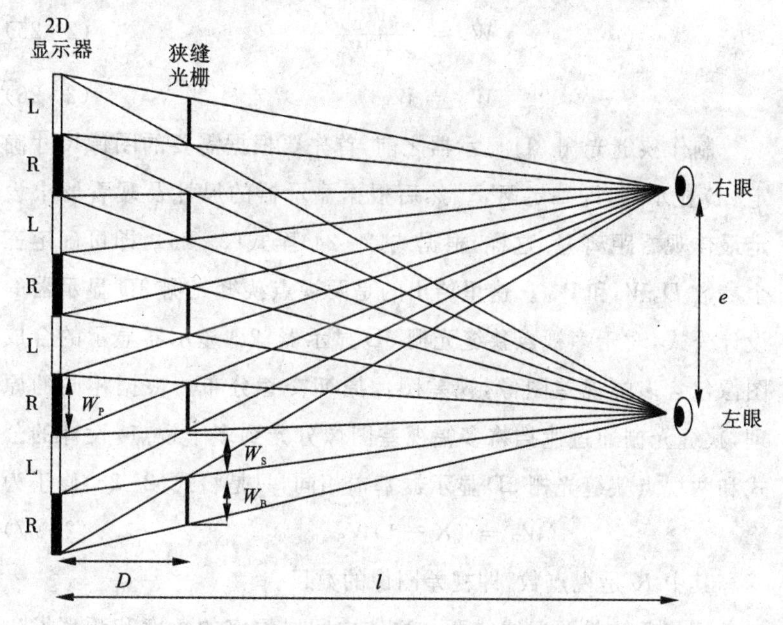

图 2-8　狭缝光栅 3D 显示器的原理图

两幅视差图像生成的合成图像显示在 2D 显示器上，L，R 分别表示左、右视差图像的列像素，像素节距为 W_P。狭缝光栅放置在 2D 显示器前，与 2D 显示器之间的距离为 D。W_S 和 W_B 分别表示狭缝光栅透光部分和遮挡光部分的宽度。最佳观看距离为 l，可根据设计需要选取。e 为目距，一般取值为 65 mm。

放置狭缝光栅的目的是通过周期遮挡作用，将 2D 显示屏上周期交替分布的左、右视差图像分光送至人的左、右眼。根据几何关系，要达到这样的效果，各个参数需满足以下关系：

$$D = \frac{W_P l}{W_P + e} \tag{2-24}$$

$$W_S = \frac{eW_P}{e + W_P} \tag{2-25}$$

$$W_B = W_S \tag{2-26}$$

制作狭缝光栅 3D 显示器之前，首先要根据需要的图像尺寸确定 2D 显示器，即确定 W_P。然后根据显示器的尺寸及观看要求设定最佳观看距离 l。这样，根据式(2-24)至式(2-26)，即可确定三个参数 D，W_S 和 W_B。这里给出的是两视点狭缝光栅 3D 显示器的设计公式，对于多视点狭缝光栅 3D 显示器，2D 显示器显示的合成图像包含多幅视差图像，视差图像周期交替分布。根据相同的原理，狭缝光栅通过遮挡将多幅视差图像分光到多个视点，设计的公式和两视点狭缝光栅 3D 显示器基本相同，只是将式(2-26)修正为

$$W_B = (K - 1)W_S \tag{2-27}$$

其中 K 是视点数，即视差图像的数目。

莫尔条纹是两条线或两个物体之间以恒定的角度和频率发生干涉的视觉现象，它使人眼无法分辨这两条线或两个物体，只能看

到干涉的花纹，这将严重影响观看效果。图 2 - 9 是两组频率略有差异的条纹按一定倾斜角度叠加后所产生的一种莫尔条纹图形。

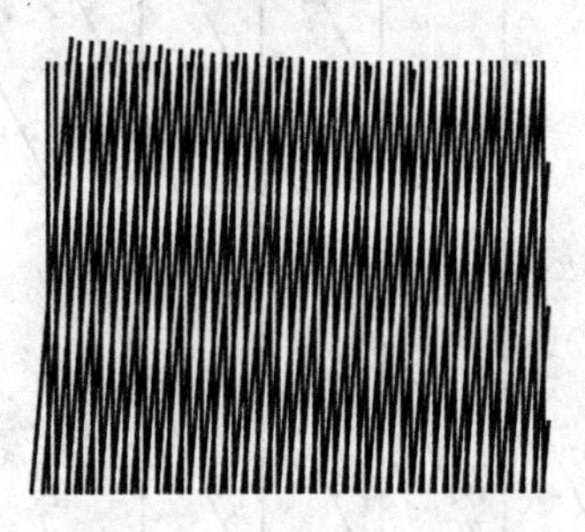

图 2 - 9　一种莫尔条纹

光栅 3D 显示器中，由于 2D 显示器的像素是有序排列的周期性矩阵结构，其发出的光场也具有周期性矩阵结构，这样的光场与 2D 显示器前面的周期性结构的光栅相互干涉，形成莫尔条纹，使 3D 显示效果变差，甚至造成图像无法正常显示，因此，制作光栅 3D 显示器首先要研究如何消除莫尔条纹。

为了更好地分析光栅 3D 显示器中的莫尔条纹问题，需要对莫尔条纹进行建模分析。图 2 - 10 为两个重叠光栅的局部视图，两光栅交叉角为 θ，其中一个光栅的节距为 a，另一个光栅的节距为 b，两光栅间产生一系列的交叉点，由这些点一一相连，无论横向、纵向或者斜向都会形成不同方向的条纹，这些有规律的条纹都会导致莫尔条纹。当两个光栅成一定角度重叠时，点与点之间会有很多种连接方向。任意两个连接点之间的距离也各不相同，距离最短的点之间连接起来就形成比较明显的莫尔条纹。

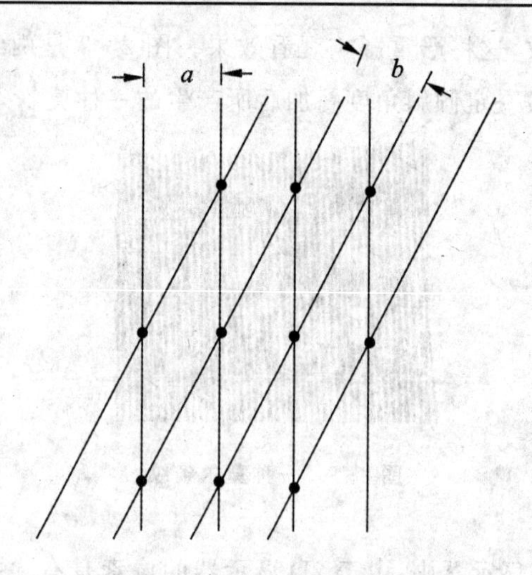

图 2-10　莫尔条纹形成的原理

通过沿不同方向连接交叉点，可得到不同方向的莫尔条纹的宽度为

$$W=\frac{ab}{\sqrt{(na)^2+b^2+2nab\cos\theta}} \tag{2-28}$$

其中 n 为正整数。假设人眼能看到的最小莫尔条纹宽度为 P，根据式(2－28)可推出，当 a，b 一定时，若希望人眼看不到莫尔条纹，则角度 θ 应在的范围为

$$\theta>\arccos\frac{P^2(n^2a^2+b^2)-a^2b^2}{2nabP^2} \tag{2-29}$$

或

$$\theta<\arccos\frac{a^2b^2-P^2(n^2a^2+b^2)}{2nabP^2} \tag{2-30}$$

通常 a 小于 P，所以

$$a^2b^2-P^2(n^2a^2+b^2)b^2(a^2-p^2)-n^2a^2p^2<0 \tag{2-31}$$

因此，由式(2-30)所求得的 θ 值必定大于 90°小于 180°，而两光栅之

间的夹角大于等于 0°小于 90°，从而，只需要考虑式(2-29)所表示的范围。

在光栅 3D 显示器中，2D 显示屏子像素间黑矩阵在三个方向上比较明显，分别为水平方向、竖直方向和倾斜方向。其中倾斜方向由子像素对角连线形成，倾斜方向与水平方向的夹角为 71.56°。这些黑矩阵形成规律性排列，与 2D 显示屏前面的光栅互相影响形成莫尔条纹。设 2D 显示屏子像素宽度为 A，光栅周期为 B，光栅方向与 2D 显示屏水平方向的夹角为 θ。根据式(2-28)，光栅与水平方向、竖直方向和倾斜方向的黑矩阵形成的莫尔条纹的宽度分别为

$$W_1=\frac{(3A)B}{\sqrt{(n(3A)^2)B^2+2n(3A)B\cos\theta}} \tag{2-32}$$

$$W_2=\frac{AB}{\sqrt{nA^2+B^2+2nAB\cos(90^\circ-\theta)}} \tag{2-33}$$

$$W_3=\frac{(A\sin 71.56^\circ)B}{\sqrt{(n(A\sin 71.56^\circ))^2+B^2+2n(A\sin 71.56^\circ)B\cos(71.56^\circ-\theta)}} \tag{2-34}$$

根据式(2-29)可知，若不希望人眼看到光栅与水平方向、竖直方向和倾斜方向的黑矩阵形成的莫尔条纹，光栅方向与 2D 显示屏水平方向的夹角 θ 应分别满足

$$\theta>\arccos\frac{P^2(9n^2A^2+B^2)-9A^2B^2}{6nABP^2} \tag{2-35}$$

$$\theta<90^\circ-\arccos\frac{P^2(n^2A^2+B^2)-A^2B^2}{2nABP^2} \tag{2-36}$$

$$|71.56^\circ-\theta|>\arccos\frac{P^2(n^2[A\sin 71.56^\circ)^2+B^2]-(A\sin 71.56^\circ)^2B^2}{2n(A\sin 71.56^\circ)BP^2} \tag{2-37}$$

由此可见，光栅方向与 2D 显示屏竖直方向的夹角 θ 会影响莫

尔条纹的宽度。当 θ 取式(2-35)至式(2-37)的交集时，就能够使莫尔条纹的宽度很小以使人眼无法分辨。由于通常影响最大的 n 值在 B/A 附近，因此在实际计算时只需将 n 取为 B/A 附近的整数。

可根据以上分析，对莫尔条纹进行处理，消除由于周期性结构光栅相互干涉产生的莫尔条纹，以保证能够看到清晰的 3D 图像。

狭缝光栅是一种具有明暗相间的狭缝阵列结构的光栅，通过遮挡作用实现分光，这就导致了显示图像亮度较暗、3D 显示效果一般，影响其广泛应用。另外，与液晶面板高精度的做工相比，狭缝光栅的精度较差，限制了狭缝光栅 3D 显示器的发展。直到后来的液晶狭缝光栅出现，狭缝的模板可采用与液晶面板相同的技术工艺制成，大大改善了狭缝光栅的精度，这使得狭缝光栅 3D 显示器重新受到了重视[79-80]。

2.4.2 柱透镜光栅 3D 显示器

柱透镜光栅 3D 显示器由柱透镜光栅和 2D 显示器耦合而成，利用柱透镜光栅的分光作用而实现 3D 显示[81-82]。柱透镜光栅是具有柱面透镜阵列结构的透明光栅板，材料为光学塑料或者玻璃。简单而不失普遍性，下面仍采用两视点的柱透镜光栅 3D 显示器来说明其原理。如图 2-11 所示，包含两幅视差图像的合成图像显示在 2D 显示器上，在 2D 显示器前面放置柱透镜光栅，利用其折射作用进行分光，保证左、右视差图像分别进入观看者的左、右眼，从而实现 3D 显示。

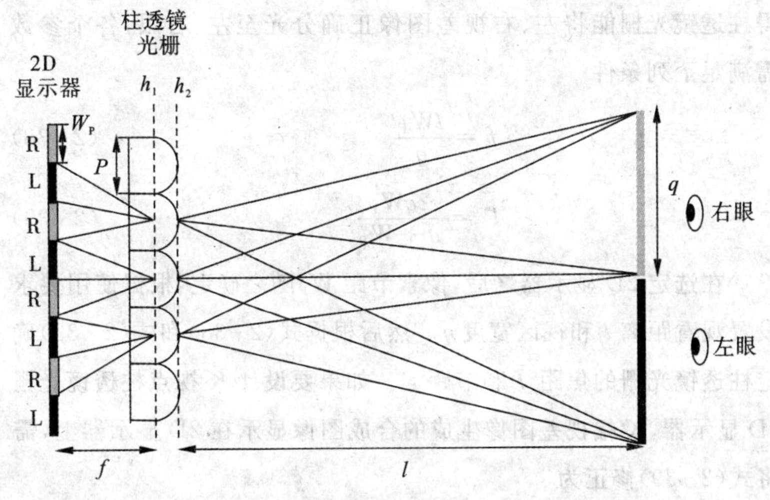

图 2-11 柱透镜光栅 3D 显示器原理图

在原理图 2-11 中，两幅视差图像生成的合成图像显示在 2D 显示器上，L，R 分别表示左、右视差图像的像素，像素节距为 W_P。柱透镜光栅的焦距为 f，节距为 P。柱透镜可以看作是一个简单的光具组，h_1 和 h_2 分别为第一和第二主平面，所有微柱透镜元的主点都在这两个平面上。最佳观看距离是 l。q 为对应其中一幅视差图像的视区宽度，在该区域内，只能看到对应的视差图像而看不到其他视差图像。为了保证人的双眼不进入同一个视区，q 取值范围为 $[e/K, e]$，其中 K 为视点数，e 为目距。

根据光学成像原理，经过第一主点的光线，从另一个主点出射，且出射光线与入射光线平行。经过分析，同一个视差图像的像素周期性排布，经过具有周期性结构的柱透镜光栅之后只在同一个区域内可视，如图 2-11 所示的视区 q 内只能看到 R 像素。要使

得柱透镜光栅能将左、右视差图像正确分光至左、右眼，各个参数需满足下列条件

$$f = \frac{lW_P}{q} \tag{2-38}$$

$$P = \frac{2qW_P}{q + W_P} \tag{2-39}$$

在选定 2D 显示器之后，像素节距 W_P 随之确定，根据使用要求设置观看距离 l 和视区宽度 q。然后根据式(2-38)和式(2-39)确定柱透镜光栅的焦距 f 和节距 P。如果要设计 K 视点柱透镜光栅 3D 显示器，K 幅视差图像生成的合成图像显示在 2D 显示器上，需将式(2-39)修正为

$$P = \frac{KqW_P}{q + W_P} \tag{2-40}$$

柱透镜光栅与狭缝光栅 3D 显示器形成莫尔条纹的机理相同，它们所产生的莫尔条纹主要分为黑白莫尔条纹和彩色莫尔条纹两种。如图 2-12(a)所示，2D 显示屏子像素间周期排列的黑矩阵与柱透镜光栅结构干涉生成黑白莫尔条纹；如图 2-12(b)所示，周期排列的 R,G,B 子像素滤色膜与柱透镜光栅结构干涉生成彩色莫尔条纹。

相比狭缝光栅 3D 显示器，柱透镜光栅 3D 显示器亮度较高，光利用率高，3D 效果较好。但是，制作柱透镜光栅所需要的开模费用较高，而且光栅参数不易改变，制作过程对光栅的对焦要求严格。随着液晶技术的发展，出现了采用液晶柱透镜光栅代替传统的固体柱透镜光栅的 3D 显示器，大大提高了柱透镜光栅制作的精确性，改善了 3D 显示性能。另外，液晶柱透镜光栅的使用使得 2D/3D 的兼容显示变得简单[83-84]。

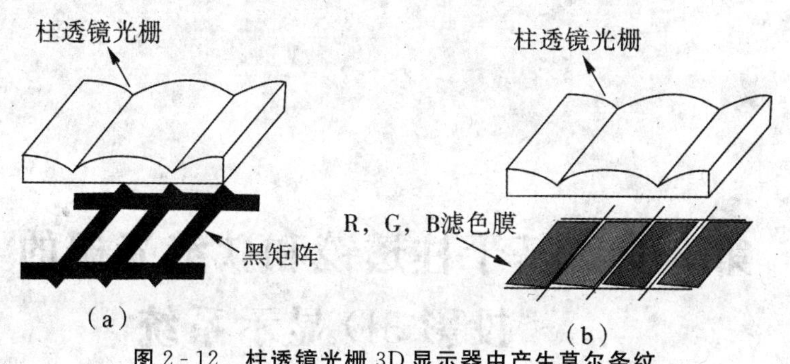

图 2-12　柱透镜光栅 3D 显示器中产生莫尔条纹

(a)黑白莫尔条纹;(b)彩色莫尔条纹

2.5　本章小结

本章首先介绍了人眼的立体视觉原理,包括心理学暗示和生理学暗示,其中详细介绍了双目视差原理。然后讲述了视差图像的获取,介绍了两种视差图像获取方式:真实相机拍摄实物和虚拟相机拍摄 3D 模型;介绍了两种立体相机结构:平行式相机摆放方式和汇聚式相机摆放方式。接着介绍了对获得的视差图像的处理方法,包括几何畸变的校正、颜色失真的校正、视差图像的平移以及垂直视差的消除。最后介绍了光栅 3D 显示器的结构和原理。

第3章　基于柱透镜和狭缝光栅的投影3D显示系统

本章将传统的光栅3D显示技术和投影显示结合，提出一种基于柱透镜和狭缝光栅的投影3D显示系统，除了具有成本低、易实现的优点之外，还能够实现大尺寸、高分辨率的3D图像显示。

3.1　投影3D显示系统原理

基于柱透镜和狭缝光栅的投影3D系统由投影机阵列、柱透镜光栅、背投影屏、狭缝光栅组成。下面以四台投影机组成的阵列为例说明其原理，如图3-1所示。投影机将四幅视差图像投向柱透镜光栅，由于柱透镜光栅对入射光线的折射作用，四幅投影视差图像经过柱透镜光栅之后在背投影屏上生成一幅合成图像，合成图像中的四幅视差图像在投影屏上交错分布。狭缝光栅对合成图像有分光作用，保证观看者眼睛在不同视点看到不同的视差图像，从而产生3D效果。

投影3D显示系统可以分为两个过程，首先是利用柱透镜光栅将多幅视差图像合成一幅合成图像，显示在背投影屏上；然后狭缝光栅将合成图像中不同的视差图像分光到不同的视点。下面我们就分别详细叙述这两个过程。

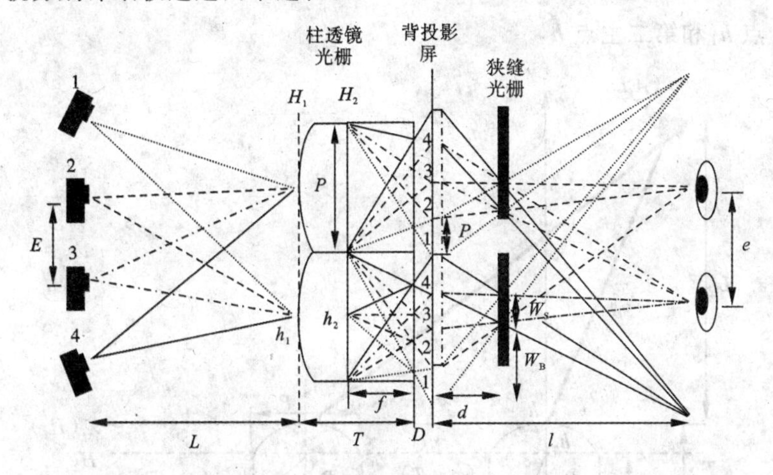

图 3-1　基于柱透镜和狭缝光栅的投影 3D 显示系统原理图

3.1.1　合成图像的生成

首先以一台投影机为例分析投影光经过柱透镜光栅的光路，如图 3-2 所示。建立如图 3-2 所示坐标系，坐标系内包括投影机、柱透镜光栅和背投影屏，假设柱透镜光栅有 $2n+1$ 个微柱透镜元，以柱透镜光栅的前表面(凸面)的切线为 X 轴，以柱透镜光栅中间的微柱透镜元 P_0 的法线为 Y 轴，P_0 左右各有 n 个微柱透镜元。投影机的坐标为(A,L)。P 是柱透镜光栅的节距(微柱透镜元的宽度)。T 是柱透镜的厚度，f 是柱透镜的焦距。我们选取厚度 T 要使得柱透镜光栅的焦平面和后表面重合。组成柱透镜光栅的所有微柱透镜元可以看作是相同的简单光具组，H_1 和 H_2 是柱透镜光栅的两个主平面，根据几何光学知识可知 H_1 和 X 轴重合。主平面

H_1和H_2与微柱透镜元光轴的两个交点分别对应光具组的第一主点h_1和第二主点h_2。

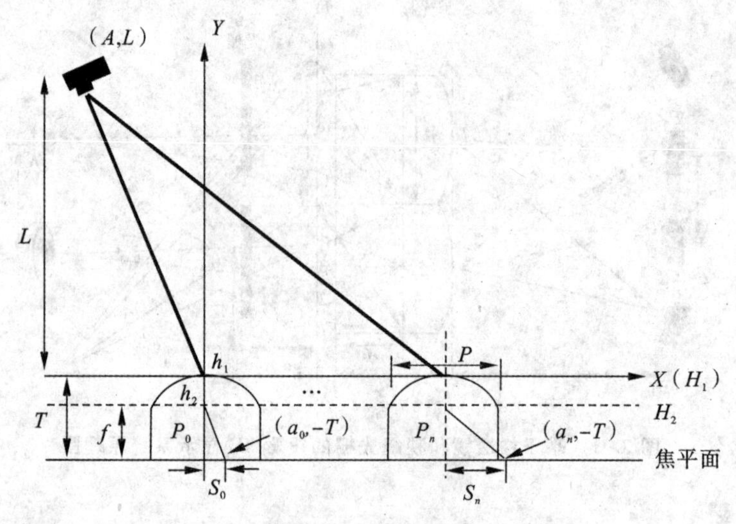

图 3-2 投影光经过柱透镜光栅的光路图

我们可以根据需要的投影画面尺寸设定投影距离L,柱透镜参数P,f和T为已知参数。柱透镜光栅的节距P远远小于投影距离L,因此投影到每一个微柱透镜元的光线可以假设为平行光。我们采用光具组的成像原理确定平行光线经过柱透镜之后的焦点位置以及焦点附近光线的方向。在图3-2中,经过柱透镜第一主点的一条光线代表一束平行光,一条经过第二主点的出射光线代表对应的出射光线,根据理想光具组成像原理,入射光线经过第一主点,则出射光线经过第二主点且和入射光线平行,可根据此确定平行光线经过会聚之后焦点偏移光轴的位置。S_0是经过微柱透镜元

P_0的平行光线形成的焦点相对于该微柱透镜元光轴的偏移量。S_n是经过微柱透镜元P_n的平行光线形成的焦点相对于该微柱透镜元光轴的偏移量。根据几何关系求得S_n为

$$S_n = \left|\frac{f}{L}\right|(A - nP) \tag{3-1}$$

其中n表示坐标系中微柱透镜元的序列，P_0的右侧沿X轴的正方向的微柱透镜元序列取正值，相反取负值。定义$(a_n, -T)$是平行光经过第n个微柱透镜元后形成的焦点的坐标，Δa是对应相邻微柱透镜元的焦点水平间距，a_n和Δa可由式(3-2)和式(3-3)确定

$$a_n = nP - \left|\frac{f}{L}\right|(A - nP) \tag{3-2}$$

$$\Delta a = a_n - a_{n-1} = P + \frac{f}{L}P \tag{3-3}$$

从式(3-2)可以看出，平行光线经过柱透镜光栅后形成的焦点位置除了与光栅本身的参数有关之外，还与投影机的水平坐标A有关；从式(3-3)看出，这些焦点的分布是等间距的，间距大小由柱透镜光栅的节距、焦距以及投影距离确定。

我们在相同的投影距离L，不同的水平位置放置另外三台投影机，坐标分别为(B, L)，(C, L)，(D, L)，如图3-3所示。根据上述相同分析，三台投影机的投影光线经过柱透镜光栅后会形成三组等间距分布的焦点，水平坐标分别是b_n，c_n，d_n，可分别由式(3-4)至式(3-6)确定

$$b_n = nP - \left|\frac{f}{L}\right|(B - nP) \tag{3-4}$$

$$c_n = nP - \left|\frac{f}{L}\right|(C - nP) \tag{3-5}$$

$$d_n = nP - \left|\frac{f}{L}\right|(D - nP) \tag{3-6}$$

四台投影机的投影光经过柱透镜光栅后在焦平面上形成四组焦点，每一组焦点的位置取决于对应投影机的水平坐标，每一组焦点都是等间距分布的，且间距相等，由式(3-7)确定

$$\Delta a = \Delta b = \Delta c = \Delta d = P + \frac{f}{L}P \tag{3-7}$$

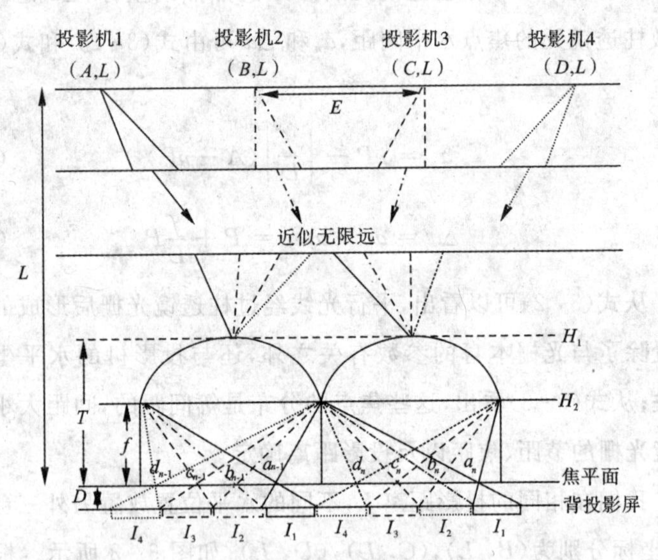

图 3-3 利用柱透镜光栅生成合成图像的光路图

焦点的位置取决于投影机的位置，总可以找到一个投影机间距 E 使得漫射面上的四组焦点位置满足关系式(3-8)

$$b_n - a_n = c_n - b_n = d_n - c_n = \frac{1}{5}(P + \frac{f}{L}P) \quad (3-8)$$

将式(3-2)至式(3-6)带入即可求得投影机间距 E

$$E = \frac{(L+f)}{5f}P \quad (3-9)$$

将投影屏放置在焦平面后 D 处，D 满足式(3-10)，即可在投影屏上得到四幅视差图像均匀交错分布的合成图像。如图 3-3 所示，I_1，I_2，I_3，I_4 分别是对应四幅投影视差图像的像素。

$$\frac{D}{D+f} = \frac{1}{5}(1+\frac{f}{L}) \quad (3-10)$$

合成图像的像素节距 p 可由下式求得

$$p = \frac{hP}{f} \quad (3-11)$$

3.1.2　合成图像的分光

在背投影屏上得到像素节距为 p 的合成图像之后，需要将合成图像中不同的视差图像分光到正确的视点才能实现 3D 显示。我们利用狭缝光栅的遮挡作用实现合成图像的分光，原理如图3-4所示。

合成图像显示在背投影屏上，I_1，I_2，I_3，I_4 分别是对应四幅投影视差图像的像素，像素节距为 p。狭缝光栅放置在背投影屏前 d 位置处，狭缝光栅透光部分宽度是 W_S，挡光部分宽度是 W_B，观看距离是 l，人眼目距是 e。根据需要确定观看距离 l，狭缝光栅的有关参数可由式(3-12)至式(3-14)确定

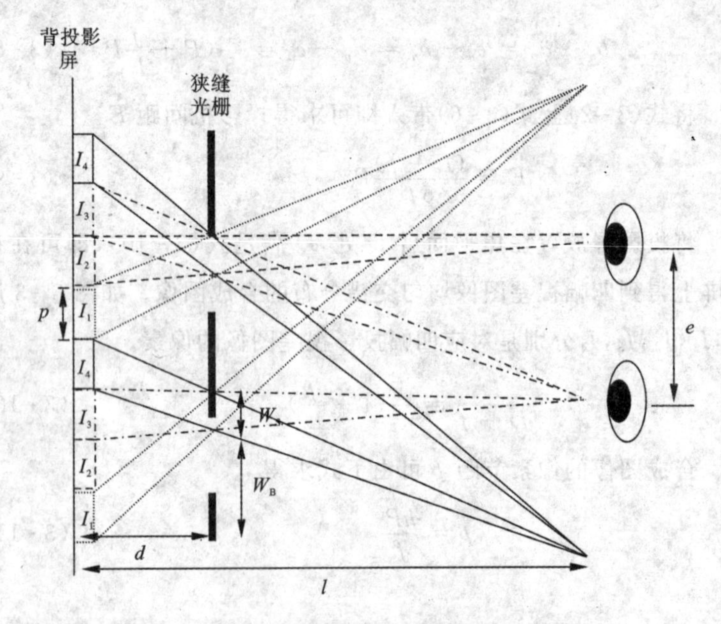

图 3-4 狭缝光栅对合成图像的分光示意图

$$d=\frac{l\cdot p}{e+p} \tag{3-12}$$

$$W_S=\frac{e\cdot p}{e+p} \tag{3-13}$$

$$W_B=3W_S \tag{3-14}$$

3.2 柱透镜光栅参数的优化设计及仿真实验

在搭建实验系统之前,利用 ASAP 进行仿真实验是很有必要的,主要原因有两点:第一,柱透镜光栅的参数不易改变,开模成本太高;第二,以上的理论计算基于理想光学系统的成像原理,而实际系统并非理想的成像系统。

3.2.1 柱透镜光栅参数的优化设计

上述的系统参数设计基于理想光学系统的成像公式,给定一个柱透镜光栅,具有确定的节距、焦距、厚度等参数,都可以通过设计合理的投影机间距、背投影屏的摆放位置以及匹配的狭缝光栅来实现3D显示。然而实际的显示系统并非理想光学系统,如果柱透镜光栅本身参数选择不当,投影光线经过柱透镜光栅就会出现严重的像差,严重影响合成图像的质量。理论上讲,可以采用非圆柱-非球面柱透镜光栅减小像差。但是,投影光线沿着不同的入射方向进入柱透镜光栅,则达不到改善像差的效果,有时甚至加重像差。因此,这里仍对普通柱透镜光栅的像差进行分析,通过优化设计光栅参数,使其像差最小。我们以柱透镜光栅的曲率半径、孔径角、折射率为参数,采用ASAP光线追迹的方法模拟光路,给出不同参数组合的柱透镜光栅,追迹光路,焦点线度最小的光栅参数即为最佳。下面以一个微柱透镜元为例分析平行光入射产生的像差,如图3-5所示。

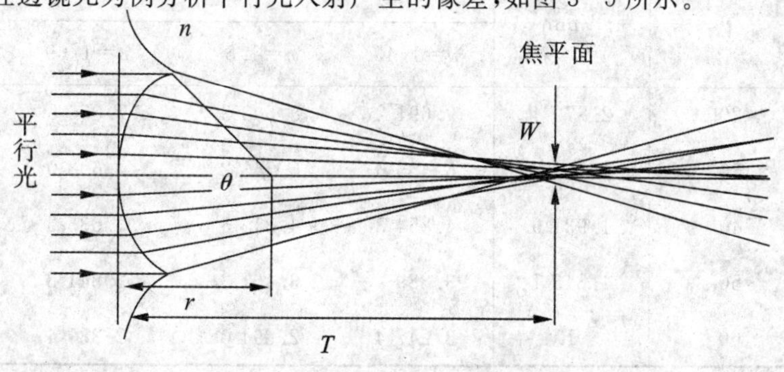

图3-5 微柱透镜元的像差示意

在图3-5中，微柱透镜元的曲率半径为r，孔径角为θ，折射率为n。平行光线入射，焦点的线度为W，此处即为焦平面位置，也是柱透镜光栅的后表面。W的值越小表示微柱透镜元的像差越小，光路就越趋于理想情况，合成图像质量就越好。

那么怎么样的光栅参数才最适合用于合成图像呢？我们采用ASAP仿真来优化设计柱透镜光栅参数，以便得出结论，指导具体的实验。前面已经提到，柱透镜光栅的节距大小是根据设计需要选取的，必须首先确定。在这里，就将P设为1 mm。然后，需要考虑的主要参数有柱透镜光栅的折射率、曲率半径和孔径角。柱透镜光栅的材料多为光学塑料或者玻璃，其中光学塑料的折射率为1.42～1.69，玻璃的折射率为1.5。在这里，选取折射率为1.42，1.50，1.69的三种情况进行仿真，分析柱透镜光栅的折射率对其像差的影响。相关参数的具体数据如表3-1所示。我们以W的线度为依据，优化设计柱透镜光栅的参数，结果如图3-6所示。

表3-1　柱透镜光栅的折射率、孔径角、曲率径和厚度

θ	r/mm	T/mm		
		n=1.42	n=1.5	n=1.69
20°	2.879 4	9.691 2	8.603 3	7.030 0
30°	1.461 9	6.465 6	5.743 2	4.698 0
40°	1.931 9	4.854 3	4.315 5	3.535 5
50°	1.813 1	3.889 2	3.461 3	2.841 3
60°	1	3.247 4	2.894 0	2.381 4

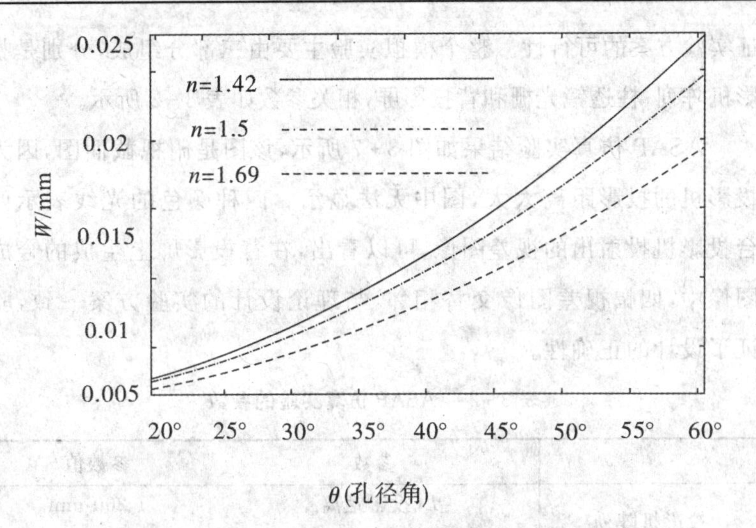

图 3-6　柱透镜光栅像差的大小和孔径角的关系

图 3-6 中的实线、点虚线、虚线分别代表柱透镜光栅的折射率分别为 1.42,1.5,1.69 时的像差曲线。横坐标表示微柱透镜元的孔径角,纵坐标表示焦点的线度。从图 3-6 中我们可以看出,柱透镜光栅的折射率越大,微柱透镜元的像差越小。对于节距确定的柱透镜光栅,随着孔径角的增大(曲率半径减小),像差增大,这会降低合成图像的质量。因此应选择折射率大、孔径角较小的柱透镜光栅来生成合成图像。

3.2.2　ASAP 仿真合成图像的生成

在整个投影 3D 显示系统中,关键部分是合成图像的生成。在上一小节中我们进行了柱透镜光栅参数的优化设计,给出了柱透镜光栅的选择依据。这一小节我们采用 ASAP 模拟合成图像的生成,验证实验方案的可行性。整个模拟实验主要由三部分组成,分别是投影机阵列、柱透镜光栅和背投影屏,相关参数如表3-2所示。

ASAP仿真实验结果如图3-7所示,该图是俯视截面图,因为投影机的投影距离太大,图中无法显示。四种颜色的光线表示四台投影机投射出的视差图像,可以看出,在背投影屏上生成的合成图像中,四幅视差图像交替相邻,与理论设计的实验方案一致,验证了设计的正确性。

表3-2 ASAP仿真实验的参数

	参数	参数值
投影机阵列	L(投影距离)	1 200 mm
	E(投影机间距)	86 mm
柱透镜光栅	P(节距)	1 mm
	n(折射率)	1.69 mm
	r(曲率半径)	1.93 mm
	θ(孔径角)	30°
	f(焦距)	2.80 mm
	T(厚度)	4.70 mm
背投影屏	D(屏与柱透镜光栅的距离)	0.70 mm

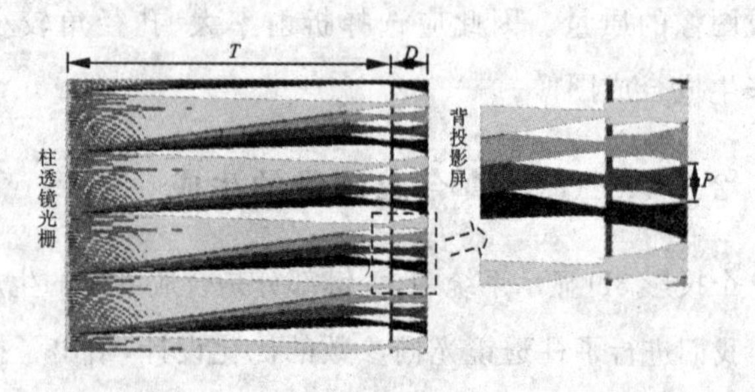

图3-7 ASAP仿真合成图像的生成

3.3　投影 3D 显示系统的搭建

经过理论计算和模拟仿真，证明了设计的正确性，这对投影 3D 显示系统的完成有指导意义。在具体的实验过程中，还涉及一些其他问题，主要包括投影视差图像的校正和投影 3D 显示系统元件的设计，下面我们就分别详述这两个方面。

3.3.1　投影视差图像的校正

在实验中，视差图像由四台位置不同的投影机投射，并显示在同一块背投影屏上。如果采用平行投影，公共区域的面积会随着投影机个数的增加而减小。因此，为了增大公共区域的面积，采用会聚式投影方式。另外，投影机的水平尺寸为 225 mm，若并排水平摆放，不能满足相邻镜头的间距为 114 mm，因此，投影机阵列需要分两层上下摆放，如图 3-8 所示。

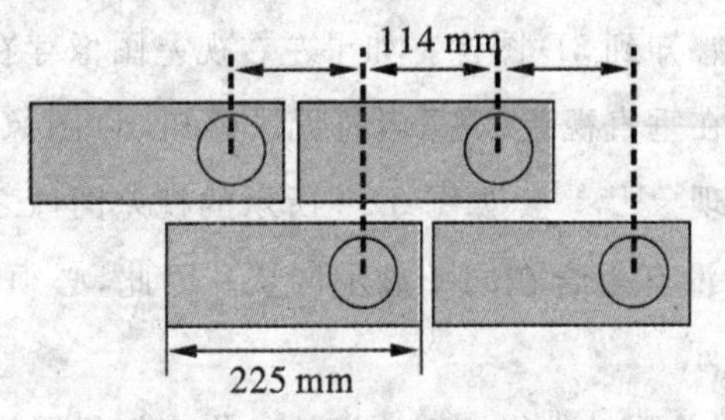

图 3-8　投影机阵列摆放方式

由于采用会聚投影方式和投影机阵列的分层摆放，当投影图像从不同位置投射向背投影屏的时候，属于倾斜投影。不同位置投影机投射出来的四幅视差图像显示在背投影屏上会有不同的图像畸变,生成的合成图像质量很差,如图3-9所示。

图3-9 校正前的投影视差图像生成的合成图像

3D图像再现时,观看者要通过大脑将左、右眼看到的视差图像融合,才能感知到3D图像。如果左右视差图像存在严重的不匹配,特别是存在垂直视差,观看者将无法感知3D图像,甚至会出现恶心、呕吐等现象[74-85]。如图3-9所示的视差图像之间存在严重的畸变,并且没有重合在同一显示区域。因此,必须经过校正,才能用于3D显示。

我们对视差图像进行校正的目的是将四幅投影视差图像显示在同一个矩形显示区域内,消除视差图像的畸变和垂直视差。我们采用单应性原理对视差图像进行校正[86-87]。在计算机视觉中,平面的单应性被定义为从一个平面到另一个平面的投影映射。单应性是一个从实射影平面到射影平面的可逆变换，直线在该变换下仍映射为直线。图像经过单应性变化之后几何特性不会发生改变。简单起见，我们以校正两幅图像为例详细讲述该校正原理，校正多幅视差图像原理与其相同。

两台位置不同的投影机以会聚投影的方式投射出两幅图像，分别为视差图像 1 和视差图像 2，图像在投影屏上有不同的几何畸变。在两幅图像重合的区域内最大化地选择一个矩形区域作为公共显示区域，如图 3 - 10 所示。建立包括视差图像和矩形公共显示区域的归一化的坐标系，其中(x, y)是投影视差图像 1 上任意一点的坐标，$(x_1, y_1)(x_2, y_2)(x_3, y_3)(x_4, y_4)$是四个顶点的坐标。其中$(x', y')$是公共显示区域内任意一点的坐标，$(x_1', y_1')(x_2', y_2')(x_3', y_3')(x_4', y_4')$是四个顶点的坐标。视差图像和公共显示区域之间的变换关系可由下列公式表示

$$x' = \frac{ax + by + e}{ux + vy + 1} \tag{3-15}$$

$$y' = \frac{cx + dy + f}{ux + vy + 1} \tag{3-16}$$

式中 a, b, c, d, e, f, u, v 是待确定的变换因子。如果确定了这些变换因子，视差图像上所有的像素点就可以按照该变换关系进行变换，这个过程称为预变换。经过预变换后的视差图像被投影机投射出来，将会显示在公共显示区域内。

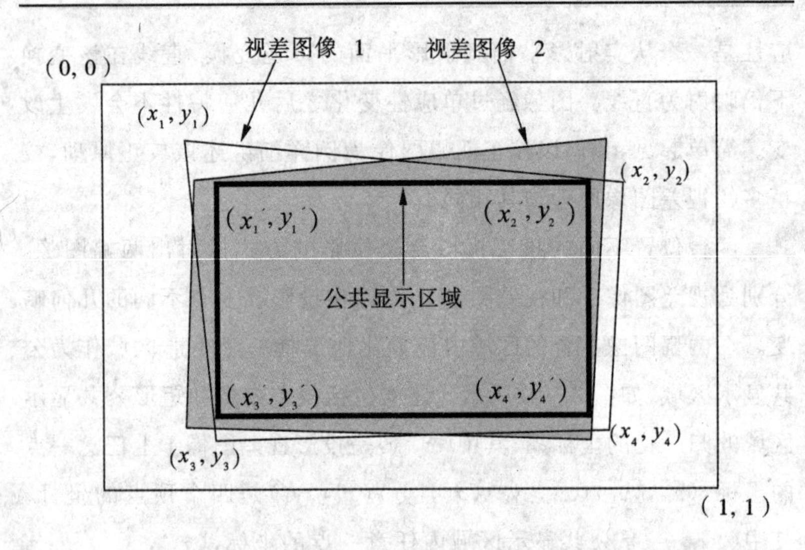

图 3 - 10 视差图像和公共显示区域的归一化的坐标系

从式(3 - 15)和式(3 - 16)我们可以看出，如果确定四对点坐标(x', y')和(x, y)，就可以利用式(3 - 15)和式(3 - 16)确定八个变换因子。在归一化的坐标系中，通过测量得到视差图像 1 的四个顶点坐标$(x_1, y_1)(x_2, y_2)(x_3, y_3)(x_4, y_4)$，以及矩形公共显示区域的四个顶点坐标$(x_1', y_1')(x_2', y_2')(x_3', y_3')(x_4', y_4')$。将四对点坐标带入式(3 - 15)和式(3 - 16)，可得式(3 - 17)至式(3 - 24)

$$x_1' = \frac{ax_1 + by_1 + e}{ux_1 + vy_1 + 1} \tag{3-17}$$

$$y_1' = \frac{cx_1 + dy_1 + f}{ux_1 + vy_1 + 1} \tag{3-18}$$

$$x_2' = \frac{ax_2 + by_2 + e}{ux_2 + vy_2 + 1} \tag{3-19}$$

$$y_2{}' = \frac{cx_2 + dy_2 + f}{ux_2 + vy_2 + 1} \tag{3-20}$$

$$x_3{}' = \frac{ax_3 + by_3 + e}{ux_3 + vy_3 + 1} \tag{3-21}$$

$$y_3{}' = \frac{cx_3 + dy_3 + f}{ux_3 + vy_3 + 1} \tag{3-22}$$

$$x_4{}' = \frac{ax_4 + by_4 + e}{ux_4 + vy_4 + 1} \tag{3-23}$$

$$y_4{}' = \frac{cx_4 + dy_4 + f}{ux_4 + vy_4 + 1} \tag{3-24}$$

通过以上八个等式，我们可以确定八个变换因子 a，b，c，d，e，f，u，v。然后，投影视差图像所有像素点的变换都可以确定。视差图像 2 的校正也采用相同的方法，经过校正后的投影视差图像都会显示在公共显示区域内。校正前后的测试图像如图 3 - 11 所示，图中我们可以看出，校正消除了投影视差图像的几何畸变，并且消除了垂直视差。采用该方法分别对四台投影机的投影视差图像进行校正，在背投影屏上生成的合成图像效果良好，如图3 - 12 所示。

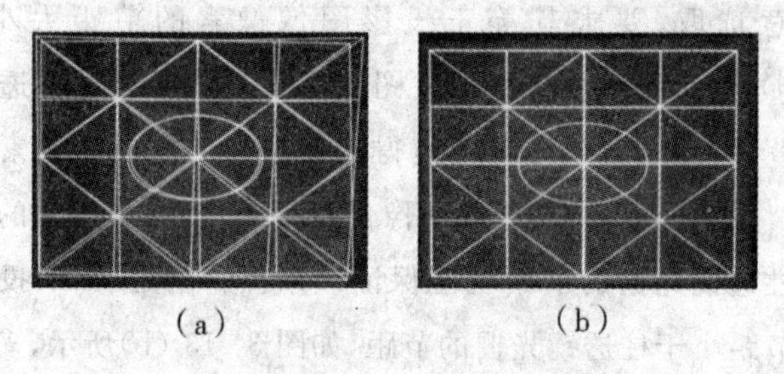

(a)　　(b)

图 3 - 11　校正前后的测试图像

(a)校正前；(b)校正后

图 3-12 校正后的投影视差图像生成的合成图像

3.3.2 投影 3D 显示系统元件的设计

投影 3D 显示系统的元件主要包括柱透镜光栅、背投影屏和狭缝光栅。为了要实现高分辨率的 3D 显示效果，柱透镜光栅的节距不能随意选取，要求其等于投影图像像素的节距大小，如图 3-13 (a)所示，每一个投影视差图像像素都能够通过柱透镜光栅成像在背投影屏上，这样可以使得视差图像的每一个像素都能够成像在背投影屏上，实现合成图像像素最大化，投影图像的像素节距大于柱透镜光栅的节距也能保证该条件。但是，如果投影图像的像素节距小于柱透镜光栅的节距，如图 3-13 (b)所示，多个图像像素将会被压缩到同一个微柱透镜元后面，最终会损失合成图像的像素，降低合成图像的质量。

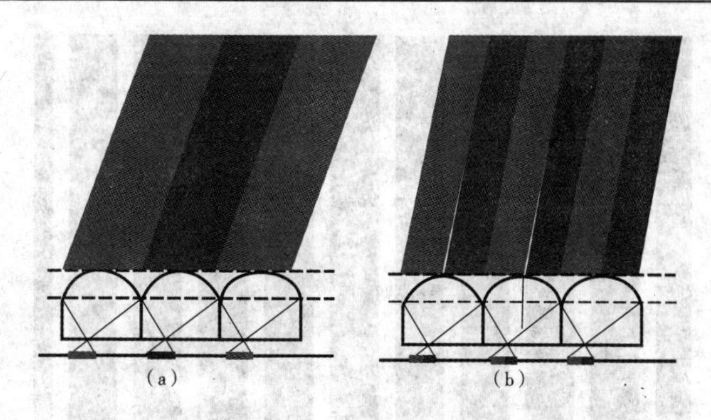

图 3-13　柱透镜光栅节距对合成图像分辨率的影响

四幅颜色不同的单色投影图像经过柱透镜光栅之后，在投影屏上生成的合成图像如图 3-14 所示，每一条单色条纹的宽度即为合成图像的像素节距。实验中用的狭缝光栅是打印的黑色胶片，如图 3-15 所示。通过设置分辨率和尺寸，使狭缝的挡光部分和透光部分的宽度与合成图像的像素节距匹配。

图 3-14　四幅单色图像生成的合成图像

图 3 - 15　狭缝光栅的结构图

3.3.3　投影 3D 显示系统的性能

我们搭建了一套 50 in 的投影 3D 显示系统，如图 3 - 16 所示。系统采用四台型号为 Optoma - DP7250 的 DLP 投影机，其分辨率是 1 024×768。投影 3D 显示系统的相关参数如表 3 - 3 所示。

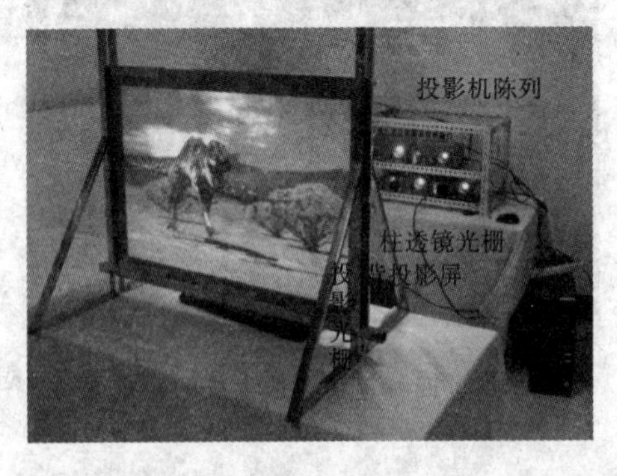

图 3 - 16　基于柱透镜和狭缝光栅的投影 3D 显示系统

表 3-3　投影 3D 显示系统的参数

参数	参数值/mm
L	1 700
P	0.976
T	4.336
f	2.914
E	114
D	0.730
l	2 600
e	60
d	10.553
W_S	0.244
W_B	0.732

投影 3D 显示系统的性能参数如表 3-4 所示。从表中可以看出，四幅分辨率为 1 024×768 的视差图像经过柱透镜光栅后，在背投影屏上生成的合成图像分辨率为 4 096×768，合成图像经过狭缝光栅的分光，3D 图像分辨率为 1 024×768，等于投影机投射出的视差图像分辨率，实现了高分辨率的 3D 显示。

表 3 - 4　投影 3D 显示系统的性能

性能	参数值
尺寸 /in	50
亮度 /(cd·m^{-2})	336
合成图像分辨率	4 096×768
3D 图像分辨率	1 024×768
最佳观看距离/mm	2 600

为了进一步验证投影 3D 显示系统的分光性能，我们对投影 3D 显示系统视区的光强分布做了测试[88-89]。使用白色图片作为测试图，先使用其中一台投影机投射测试图，投影之后在最佳观看距离处会出现有规律的视区分布。一台光强检测仪放置在最佳观看距离处，沿着水平方向移动并记录光强值。按照相同的方法，使用其他投影机投射测试图片并记录光强分布。整理数据，将光强的最大值设为 1，绘制出归一化的光强分布，如图 3 - 17 所示。图中水平坐标是在最佳观看距离处的水平位置，其中 $x=0$ 表示正对屏中心时候的水平位置。纵坐标是最佳观看距离处水平方向上视区的归一化的光强分布。四种不同的线型分别对应四幅投影视差图像，曲线的峰值表示对应视差图像的最佳视点。从图 3 - 17 中可以看出，在观看视区内，每一幅视差图像的亮度分布具有周期性，对应相邻视差图像的最佳视点的间距为目距 e，等于预先设定的值。

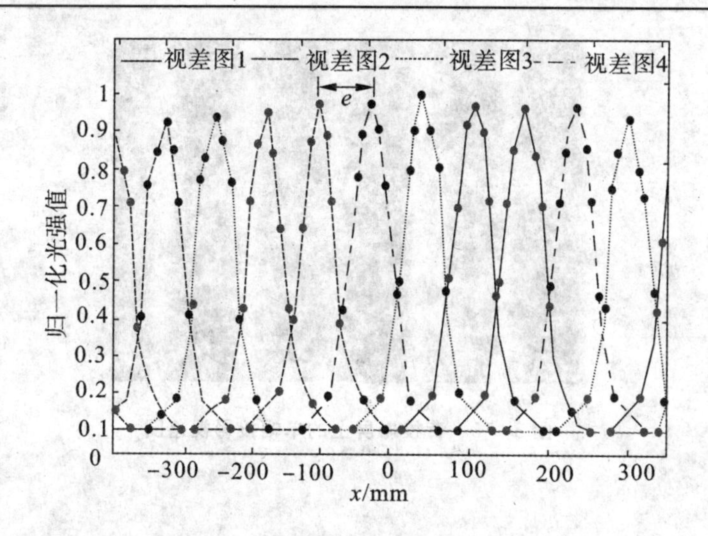

图 3-17　最佳观看距离处水平方向上的视区归一化光强分布

在一个视点看到对应视差图像的同时，看到的其他视点应该看到的视差图像，称为串扰。从图 3-17 中可以看出，该投影 3D 显示系统的串扰主要来自相邻的两幅视差图像。在最佳观看距离处的任意水平位置，视差图像最小相对亮度值是 0.1，而不是 0。其主要由两个原因引起：第一，狭缝光栅对光线的分光不完全；第二，一幅投影视差图像经过柱透镜光栅后，由于背投影屏的漫反射作用，在背投影屏上的单幅视差图像并不是完全的明暗间隔，在两个亮条纹之间会有微弱光强分布，如图 3-18 所示。

图3-18　背投影屏上的单幅投影视差图

3.4　本章小结

本章提出了一种基于柱透镜和狭缝光栅的投影3D显示系统。详细阐述了系统的原理，主要包括利用柱透镜光栅生成合成图像，以及利用狭缝光栅对合成图像进行分光。利用ASAP光学追迹软件对柱透镜光栅的参数进行优化设计，分析讨论了折射率、孔径角、曲率半径等参数对柱透镜光栅像差的影响。利用ASAP模拟了利用柱透镜光栅生成合成图像的过程，验证了理论设计的正确性。采用单应性原理对投影视差图像进行了校正，使不同位置的投影机投射出的视差图像完全重合在设定的矩形显示区域内，消除了视差图像的几何畸变和垂直视差。搭建了一套50 in的投影3D显示系统，并对显示系统视区的光强分布做了测试，评估了3D显示系统的分光性能。该系统实现了大尺寸、高分辨率的3D图像显示，3D效果良好。

第 4 章　基于双柱透镜光栅的投影 3D 显示系统

本章提出一种基于双柱透镜光栅的投影 3D 显示系统，相比基于柱透镜和狭缝光栅的投影 3D 显示系统，该显示系统在实现大尺寸、高分辨率 3D 显示的同时，可以明显改善图像的亮度，增大光的利用效率。本章首先介绍基于双柱透镜光栅的投影 3D 显示系统原理；然后分析在搭建系统时候的几个关键问题，包括复合柱透镜光栅的设计和投影 3D 显示系统元件的装配误差对投影 3D 显示系统性能的影响；最后根据设计原理搭建了一套 50 in 的投影 3D 显示系统，并对其中重要的设计环节进行讨论。

4.1　投影 3D 显示系统的原理和参数设计

在这一节首先介绍基于双柱透镜光栅的投影 3D 显示系统的原理，然后分析系统的参数和显示性能之间的关系，给出参数设计的依据。

4.1.1　投影 3D 显示系统原理

基于双柱透镜光栅的投影 3D 显示系统由投影机阵列、合图柱透镜光栅、背投影屏、分光柱透镜光栅组成。以四台投影机组成的阵列为例，如图 4-1 所示，投影机阵列投射出四幅视差图像，经过合图柱透镜光栅后在背投影屏上生成一幅合成图像，合成图像包含四幅视差图像，四幅视差图像交替相邻分布。合成图像经过分光柱透镜光栅后分光，交替分布的视差图像被送入观看者双眼，从而实现 3D 显示。

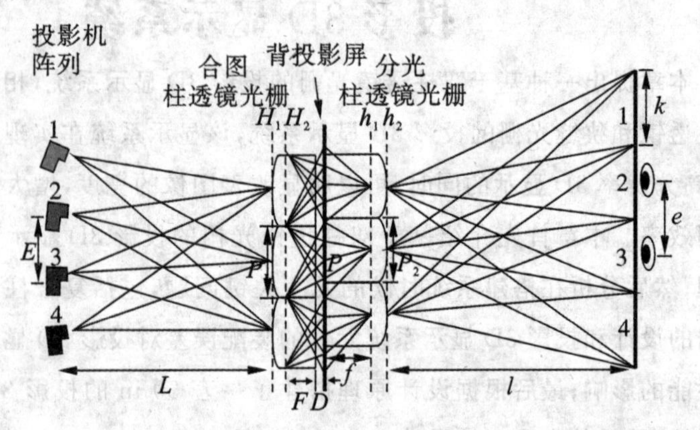

图 4-1　基于双柱透镜光栅的投影 3D 显示系统原理图

在图 4-1 中，四台投影机的间距为 E，投影机阵列和合图柱透镜光栅之间的距离为 L。柱透镜光栅是简单的光具组，H_1，H_2 分别是合图柱透镜光栅的第一、第二主平面，h_1，h_2 分别是分光柱透镜光栅的第一、第二主平面。合图柱透镜光栅的节距为 P_1，焦距为 F，其焦平面和后表面重合。背投影屏放置在合图柱透镜光栅后面，两者之间距离为 D，合成图像的像素节距为 p。背投影屏和分光柱透镜光栅的焦平面重合。分光柱透镜光栅的节距为 P_2，焦距为 f，其焦平面和后表面（平面部分）重合。l 是最佳观看距离，e 是目距，一般人通常为 65 mm。k 为在最佳观看距离处，水平方向上对应一幅视差图像的视区宽度，在该区域内，人眼只能看到对应的一幅视差图像。所有的参数满足式(4-1)至式(4-5)

$$E = \frac{(L+F)}{5F}P_1 \tag{4-1}$$

$$\frac{D}{D+F} = \frac{1}{5}\left(1+\frac{F}{L}\right) \tag{4-2}$$

$$p = \frac{DP_1}{F} \tag{4-3}$$

$$f = \frac{pl}{k} \tag{4-4}$$

$$P_2 = \frac{4pk}{p+k} \tag{4-5}$$

投影距离 L 由投影图像的尺寸决定，合图柱透镜光栅的节距 P_1 由投影图像的像素节距决定，焦距 F 可由测量得到。这些参数确定之后，由式(4-1)至式(4-3)分别来确定投影机摆放间距 E、合图柱透镜光栅和背投影屏之间的距离 D 以及合成图像的像素宽度 p。然后根据设定的观看距离 l 和单视点视区宽度 k，根据式(4-4)和式(4-5)求得分光柱透镜光栅的焦距 f 和节距 P_2。

4.1.2　投影 3D 显示系统的参数设计

第 3 章详细讲述了生成合成图像过程中柱透镜光栅参数的优化，因此，我们不再对合图柱透镜光栅的设计进行讨论。本小节主要讨论在合成图像像素节距 p 确定之后，如何设计与之匹配的分光柱透镜光栅。

由于柱透镜光栅的制作需要开模，成本较高，因此要尽量用现有的柱透镜光栅去满足设计要求。这就需要讨论分光柱透镜光栅的各个参数对显示性能的影响，这对具体实验具有指导意义。从图 4 - 1 可以看出，在最佳观看距离处的视区内，对应不同视差图像的视区交替相邻，对应每一幅视差图像的视区宽度为 k。为了实现立体显示，在此区域内，人眼只能看到对应的一幅视差图像。为了保证观看者在最佳观看距离位置处水平移动的时候，两只眼睛始终看到不同的视差图像，必须满足条件：$(e/K) \leqslant k \leqslant e$，其中 K 是视点数，即视差图像的数目，本书中使用四台投影机，视差图像数目为 4，即 $K=4$。在设计投影 3D 显示系统的时候，必须满足$(e/4) \leqslant k \leqslant e$，$e$ 通常取值为 65 mm。

在设计投影 3D 显示系统的时候，观看距离 l 可以根据应用需要设定，视区宽度 k 也有一个合适的范围。因此，根据式(4 - 4)和式(4 - 5)，分光柱透镜光栅的焦距、节距也并不是唯一的，这就为我们设计出与合成图像像素节距 p 匹配的柱透镜光栅提供了便利。下面我们就分别确定分光柱透镜光栅的焦距 f、节距 p 的取值依据。

根据式(4 - 4)，当 k 值和合成图像像素节距 p 确定之后，观看距离 l 和分光柱透镜光栅的焦距 f 有正比关系。当 $p=0.25$ mm，$k=65$ mm 时，分光柱透镜光栅的焦距和观看距离的关系如图 4 - 2 所示。理论设计观看距离为 2 500 mm，对应的分光柱透镜光栅焦距应为 9.615 mm。然而在具体实验中，如果存在不可避免的误差，当分光柱透镜光栅的焦距略大于设计值，只需适当增大观看距离即可，当分光柱透镜光栅的焦距略小于设计值，只需适当减小观看距离即可，不会影响 3D 显示的性能。当然，这个允许的范围是有限制的，焦距允许的误差要以保证正常的观看距离范围为前提。例如，设计观看距离为 2 500 mm，在具体实验中将观看距离调整到 2 300～2 700 mm 时不会影响观看的效果和舒适度，此时对应的分光柱透镜光栅焦距的允许范围为 8.9～10.4 mm。

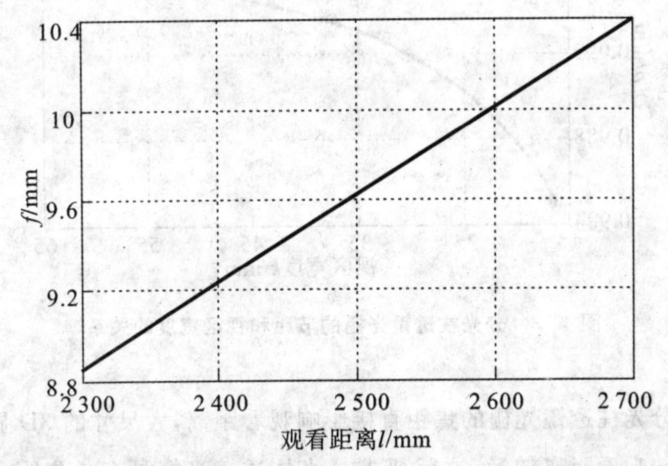

图 4-2　分光柱透镜光栅的焦距和观看距离的关系

分光柱透镜光栅的节距 P_2 也是一个至关重要的参数，下面我们就讨论它的大小对显示效果的影响。根据式(4-5)，图像像素节距 p 确定之后，分光柱透镜光栅的节距 P_2 随着单幅视差图像视区宽度 k 的变化而变化。为了实现 3D 显示，k 的取值范围为 $(e/4) \leqslant k \leqslant e$，$e = 65$ mm。当 $p = 0.25$ mm 时，分光柱透镜光栅的节距 P_2 和视区宽度 k 的关系如图 4-3 所示。从图中可以看出，若要实现 3D 显示，k 的范围必须为 16.25～65 mm，对应的分光柱透镜光栅的节距则必须为 0.985～0.996 mm。

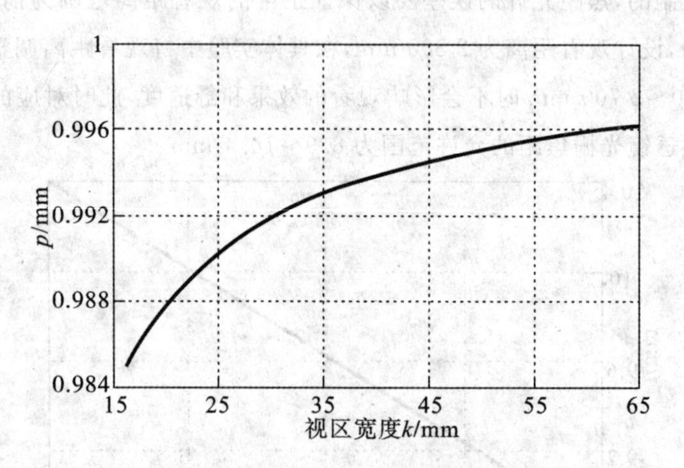

图 4-3　分光柱透镜光栅的节距和视区宽度的关系

分光柱透镜光栅的焦距直接影响观看距离，大尺寸的 3D 显示的最佳观看距离较远，这就要求分光柱透镜光栅具有长焦距。柱透镜光栅的焦距和材质的折射率、曲率半径有关，由于能够制作光栅的材质本身就不多，折射率有限，因此，要实现长焦距只能增大柱透镜光栅的曲率半径。在不改变柱透镜光栅节距的情况下，柱透镜光栅的曲率半径越大，制作难度越大。因此，我们设计了一种复合柱透镜光栅，利用现有的柱透镜光栅，通过增加一层折射率为 n_t 的透明介质来增大它的焦距，结构如图 4-4 所示。

柱透镜光栅的焦距为 f，复合柱透镜光栅的焦距为 f_m，其值分别为

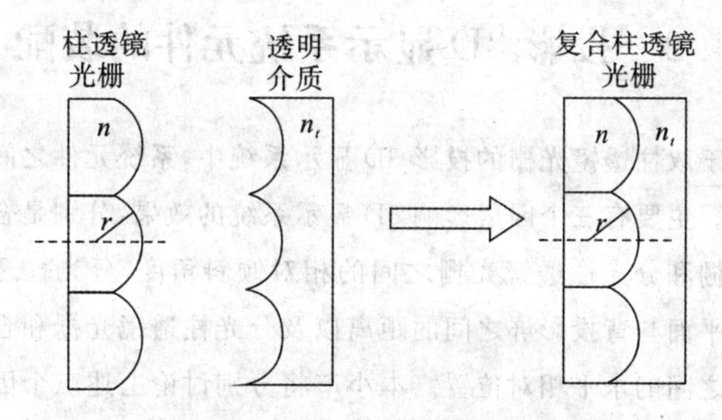

图 4-4　符合柱透镜光栅的结构图

$$f=\frac{r}{n-1} \tag{4-6}$$

$$f_m=\frac{r}{n-n_t} \tag{4-7}$$

式中，n 为柱透镜光栅的折射率，n_t 为透明介质的折射率，r 为柱透镜光栅的曲率半径。柱透镜光栅和复合柱透镜光栅的焦距关系为

$$f_m=\frac{n-1}{n-n_t}f \tag{4-8}$$

柱透镜光栅的折射率 n 大于透明介质的折射率 n_t，且都大于 1。因此，当在柱透镜光栅前面加上一层透明介质之后，相当于改变了其两侧介质的折射率，根据几何光学知识，可知复合柱透镜光栅的焦距会增大。利用这个方法不需要改变柱透镜光栅的折射

率，也不需要改变柱透镜光栅的曲率半径，可根据需要加入不同折射率的透明介质以获得不同焦距的复合柱透镜光栅。

4.2 投影 3D 显示系统元件的装配

基于双柱透镜光栅的投影 3D 显示系统中，系统元件之间需精密装配。主要有三个因素影响 3D 显示系统的效果，分别是合图柱透镜光栅和分光柱透镜光栅之间的相对倾斜角度、分光柱透镜光栅的焦平面与背投影屏之间的距离以及分光柱透镜光栅和合成图像像素之间的水平相对位置。本小节将分别讨论上述三个因素存在误差时对 3D 显示效果的影响。

4.2.1 合图柱透镜光栅和分光柱透镜光栅之间的相对倾斜角度

在基于双柱透镜光栅的投影 3D 显示系统中，背投影屏上合成图像中像素条的方向和合图柱透镜光栅的条纹方向一致。所以，如果合图柱透镜光栅和分光柱透镜光栅之间存在相对倾斜角度θ，那么合成图像的像素条的方向和分光柱透镜光栅的条纹方向也存在相对倾斜角度θ，如图 4-5 所示。根据分光柱透镜光栅的分光原理，这样会导致同一个视差图像的像素被分光到对应多个视点的视区内，严重影响分光效果，会减弱甚至失去 3D 效果。

为了得到最佳的 3D 显示效果，合图柱透镜光栅和分光柱透镜光栅条纹的方向必须保证一致。在实验中，合图柱透镜光栅和分光柱透镜光栅的匹配采用手工装配，很容易引入误差，影响 3D 显示效果，所以，我们采用基于莫尔条纹的装配方法减小误差。

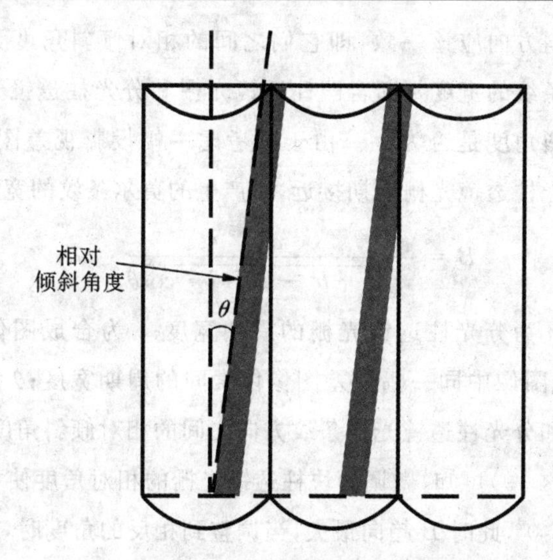

图 4-5　合成图像的像素条方向和分光柱透镜光栅的条纹方向之间的相对倾斜角

莫尔条纹指的是两个物体之间以恒定的角度和频率发生干涉而产生的视觉现象。在投影 3D 显示系统中，多幅视差图像经过合图柱透镜光栅之后生成的合成图像具有周期性结构。若只投影一幅视差图像，那么合成图像则是一幅具有周期性结构的图像，分光柱透镜光栅也具有周期性结构，而且两者的周期频率相近，因此会产生莫尔条纹。莫尔条纹的分布情况是随着观看者的观看位置变化的，当观看位置确定时，莫尔条纹的亮区域表示在相应的观看位置可透过分光柱透镜光栅看到被投影的视差图像，而莫尔条纹的暗区域则表示在相应观看位置透过分光柱透镜光栅看到的是未被投影的视差图像。合图柱透镜光栅与分光柱透镜光栅进行装配时条纹的倾斜方向应该一致，即它们之间的相对倾斜角度为 0°。可利用莫尔条纹的宽度判断合图柱透镜光栅和分光柱透镜光栅之间的相对倾斜角度是否为 0°。由于只考虑一幅投影视差图像，图像周期与分光柱透镜光栅周期接近，所产生的莫尔条纹的宽度 B 为

$$B = \frac{ab}{\sqrt{a^2 + b^2 - 2a \cdot b \cdot \cos\theta}} \tag{4-9}$$

式中 a 为分光柱透镜光栅的周期宽度；b 为合成图像周期宽度，即合成图像中同一幅视差图像像素间的周期宽度；θ 为合图柱透镜光栅和分光柱透镜光栅条纹方向之间的相对倾斜角度。

由式(4-9)可知，微调两块柱透镜光栅的相对角度使相对倾斜角度 θ 趋于 0°，此时 B 趋向最大，当调整到相反的角度时，B 开始减小。在装配过程中，通过多次目测比较，当莫尔条纹的宽度 B 达到最大时，合图柱透镜光栅和分光柱透镜光栅条纹方向相同，相对倾斜角 θ 为 0°，满足两者的方向一致。此时，观看者单眼在最佳观看距离上的某视点处透过分光柱透镜光栅看到全白图像，单眼沿水平方向移动设定的视点间距值时看到全黑图像。

4.2.2 分光柱透镜光栅的焦平面与背投影屏之间的距离

在设计中，背投影屏和分光柱透镜光栅的焦平面(平面部分)是重合的，即背投影屏位于分光柱透镜光栅的焦平面上。然而在实验过程中，背投影屏虽然紧贴分光柱透镜光栅的焦平面，但很难保证两者完全重合，会导致背投影屏位于分光柱透镜光栅的焦平面前面微小距离处，如图 4-6 所示。这一小节我们讨论分光柱透镜光栅焦平面和背投影屏之间如果有微小的距离对 3D 显示效果

的影响，以及怎样消除这种影响。

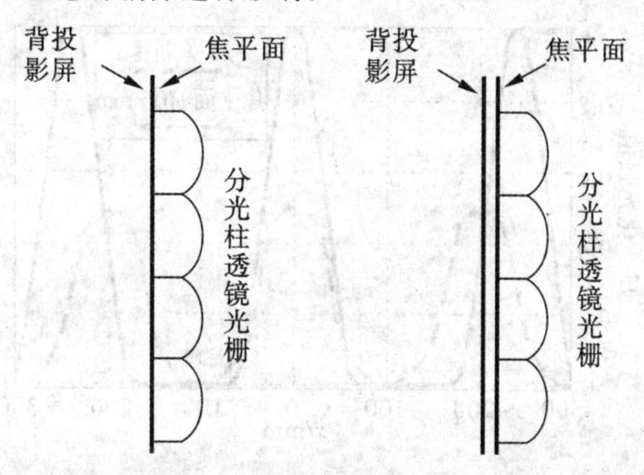

图 4-6　分光柱透镜光栅的焦平面和背投影屏的相对位置

在具体实验中，背投影屏会略微偏移分光柱透镜光栅的焦平面，位于焦平面前，合成图像的像素通过分光柱透镜光栅之后成为倒立的实像或者正立的虚像，但是像素具有矩形的对称结构，因而再现图像的内容不会受到影响。如图 4-7 所示为背投影屏位于分光柱透镜光栅的焦平面上和焦平面前 0.5 mm 时对应一幅投影视差图像的视区分布，水平坐标是在最佳观看距离处的水平位置，其中 $x=0$ 表示正对屏中心时的水平位置，纵坐标是最佳观看距离处水平方向上视区的归一化光强分布。当背投影屏位于焦平面上时，单个视区宽度较窄，分光效果好，相邻视差图像间的串扰小，且视区内对应视差图像的亮度要高些。当背投影屏位于焦平面前 0.5 mm时，对应同一投影视差图像的两个视区间的间距变小。在这种情况下，如果希望观看者左、右眼总能分别看到相邻的两幅投

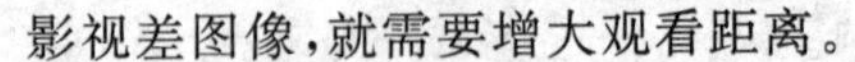
影视差图像，就需要增大观看距离。

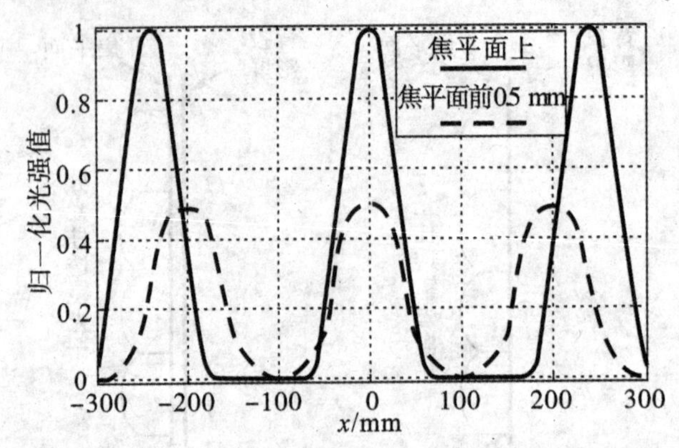

图 4-7　背投影屏于分光柱透镜光栅焦平面和焦平面前 0.5 mm 时对应一幅投影视差图像的视区归一化光强分布

4.2.3　分光柱透镜光栅和合成图像像素之间的水平相对位置

合成图像像素具有周期性分布特性，分光柱透镜光栅也具有周期性结构。在理论计算中，假设背投影屏上合成图像像素和分光柱透镜光栅之间的相对位置关系如图 4-8(a)所示，背投影屏上的合成图像像素 1，2，3，4 分别对应四幅投影视差图像，中间的微柱透镜元的左边缘正对着像素 1 的左边缘。而在具体实验中，不可能按照计算的结构，将分光柱透镜光栅和合成图像像素严格对齐，具体操作过程中必定会有水平位置的误差。假设中间微柱透镜元的左边缘对着像素 1 的中间，即相对图 4-8(a)所示的像素相对位置水平偏移了 1/2 个像素，如图 4-8(b)所示。

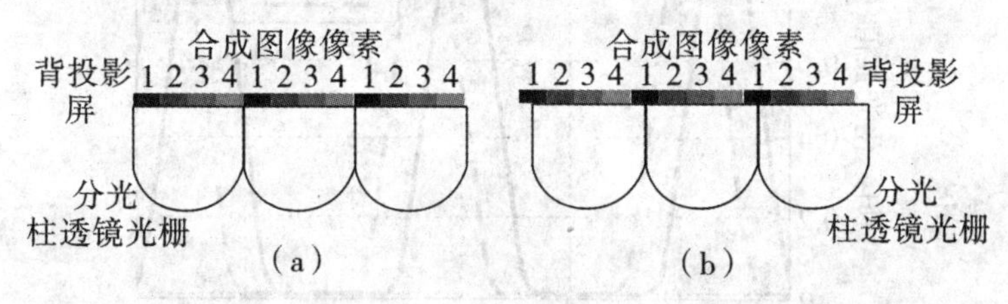

图 4-8　分光柱透镜和合成图像像素之间的相对位置

为了确定分光柱透镜光栅和合成图像像素之间的水平相对位置误差对 3D 显示效果的影响，我们绘制了对应图 4-8(a)(b)所示的两种相对位置下，最佳观看距离处视区的分布。为简单起见，我们以对应单幅投影视差图像的视区为例进行分析。我们称对应图 4-8(a)的相对位置为原相对位置，对应图 4-8(b)的相对位置为偏移 1/2 像素相对位置。最佳观看距离位置视区的分布如图 4-9 所示，水平坐标是在最佳观看距离处的水平位置，纵坐标是最佳观看距离处水平方向上视区的归一化光强分布。

从图 4-9 中可以看出，当合成图像像素和分光柱透镜光栅之间的相对位置偏移了 1/2 个像素后，视区分布的形状没有发生改变，整个视区的分布沿着 x 轴的正方向偏移了 1/2 个视区宽度。换句话说，就是相对位置的误差只会引起整个视区的水平偏移。

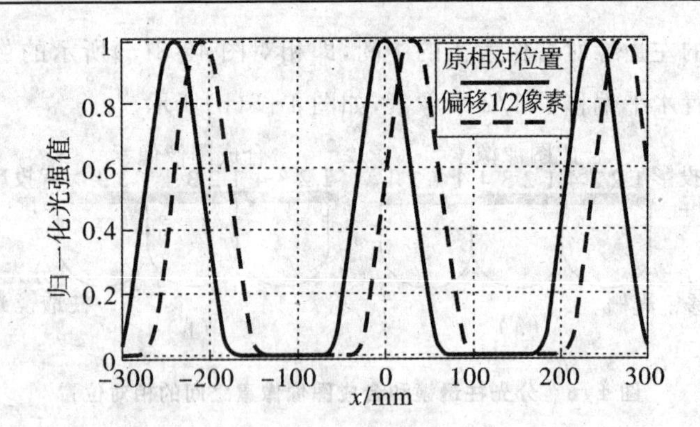

图 4-9　原相对位置和偏移 1/2 像素相对位置最佳观看距离处对应一幅投影视差图像的视区归一化光强分布

4.3　投影 3D 显示系统的搭建及其分光性能

在具体实验中需要对投影视差图像进行校正，消除视差图像的畸变以及图像之间的垂直视差，方法在第 3 章中已经详述，这里不再重复。根据前面讲述的设计原理，我们搭建一套 50 in 的投影 3D 显示系统，并和基于柱透镜和狭缝光栅的投影 3D 显示系统进行性能比较。

4.3.1　投影 3D 显示系统的搭建

利用 3ds Max 制作 3D 模型，定义虚拟相机进行拍摄，得到四幅视差图像，如图 4-10 所示。

图 4-10　3ds Max 虚拟相机拍摄得到的四幅视差图像

基于双柱透镜光栅的投影 3D 显示系统如图 4-11 所示，系统的参数列在表 4-1 中。

图 4-11　基于双柱透镜光栅的投影 3D 显示系统

表 4-1 基于双柱透镜光栅的投影 3D 显示系统的参数

参数	取值 /mm
L	1 700
P_1	0.976
F	2.914
E	114
D	0.727
p	0.243
l	2 500
k	65
P_2	0.968
f	9.346

为了对比该投影 3D 显示系统和基于柱透镜和狭缝光栅的投影 3D 显示系统的性能，在两套投影 3D 显示系统中，使用相同参数的柱透镜光栅生成合成图像，然后分别利用狭缝光栅和分光柱透镜光栅对合成图像进行分光来实现 3D 显示，具体的性能参数如表 4-2 所示，从表中可以看出，两套显示系统具有相同的图像尺寸和 3D 图像分辨率，基于双柱透镜光栅的投影 3D 显示系统相比基于柱透镜和狭缝光栅的投影 3D 显示系统，图像亮度提升了近 2 倍。

表 4-2　两套投影 3D 显示系统性能的比较

性能参数	基于双柱透镜光栅	基于柱透镜和狭缝光栅
图像尺寸/inch	50	50
亮度/($cd \cdot m^{-2}$)	827	336
视差图像分辨率	1 024×768	1 024×768
3D 图像分辨率	1 024×768	1 024×768

4.3.2　投影 3D 显示系统分光性能的分析

分别采用模拟和实验两种方法分析基于双柱透镜光栅的投影 3D 显示系统的分光性能。利用 ASAP 软件模拟投影系统的光线，分析在最佳观看距离处，水平方向上对应不同视差图像的视区归一化光强分布，结果如图 4-12(a)所示。实验测量得到的视区归一化光强分布，如图 4-12(b)所示。

从图 4-12 中可以看出，模拟和实验结果具有基本相同的视区光强分布，四条不同线型的曲线表示四幅不同的视差图像，每个曲线的峰值代表对应视差图像的最佳观看视点。从图中可以看出，两个峰值之间的距离为 65 mm，等于人眼的目距 e，和我们的设计值一致。当观看者站在最佳观看距离时，一个眼睛对应一幅视差图像的最佳观看视点，另一只眼睛则对应相邻视差图像的最佳观看视点，从而能够实现 3D 显示。

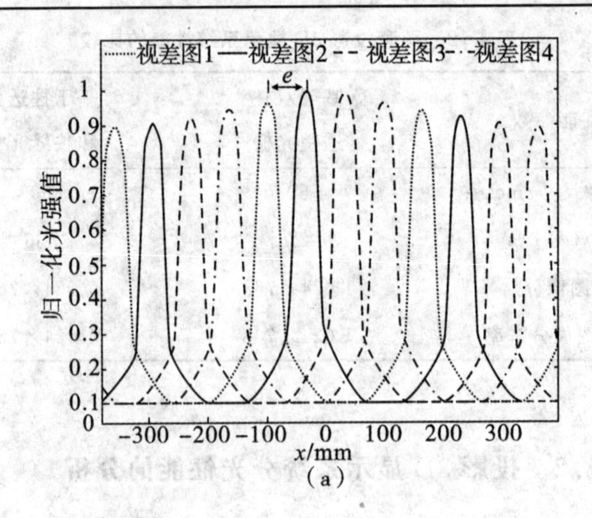

(a)

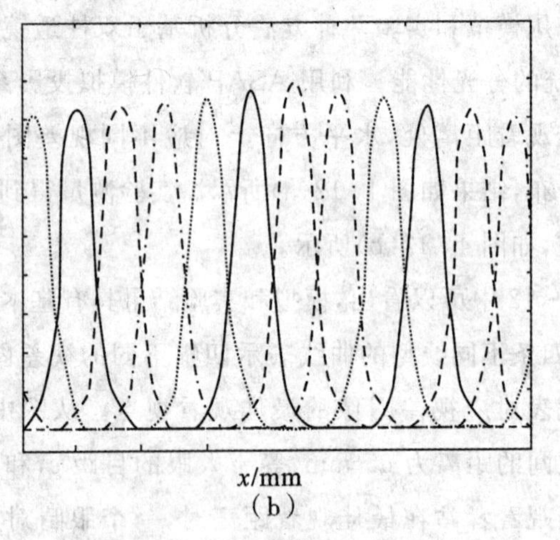

(b)

图 4-12　最佳观看距离处水平方向上对应不同视差图像的视区归一化光强分布

(a)模拟值;(b)实验值

4.4　本章小结

本章提出了一种基于双柱透镜光栅的投影 3D 显示系统，首先根据几何光学原理对显示系统的原理进行了分析计算，得到了各个参数的几何关系。然后分别讨论了搭建投影 3D 显示系统时的几个关键点，分别是长焦距柱透镜光栅的设计、合图柱透镜光栅和分光柱透镜光栅之间的相对倾斜角度、分光柱透镜光栅焦平面与背投影屏之间的距离、分光柱透镜光栅和合成图像像素之间的水平相对位置，模拟了这些因素对 3D 显示效果的影响，并找出了解决的办法。搭建了一台 50 in 的投影 3D 显示系统，并与基于柱透镜和狭缝光栅的投影 3D 显示系统性能进行比较，在其他性能相同的情况下，3D 图像的亮度提升了近 2 倍。最后，采用模拟和实验的方法分别对系统的分光性能进行了分析，结果证明和理论设计的分光性能基本一致。

第5章　助视/光栅3D图像质量的评价

前面两章提出了两种投影3D显示系统，本章提出一种对其显示的3D图像进行评价的方法。相比传统的3D图像质量评价方法，该方法能够反映3D图像在深度方向上的特性。该评价方法能广泛用于助视/光栅3D图像质量的评价。

5.1　传统的3D图像质量评价方法

传统的3D图像质量评价方法有亮度、串扰和3D分辨率，这些概念类似于传统的2D图像评价方法，但又不完全相同[52-57]。这些方法或以亮度测量和计算为评价基础，或以面积测量和计算为评价基础。本节简单介绍它们的定义及计算。

5.1.1　3D图像亮度

3D图像亮度是3D显示器某一视点的图像亮度。对于助视3D

显示器，只显示对应一只眼睛的图像，测量图像经过助视设备之后的亮度，即为 3D 图像亮度；对于光栅 3D 显示器，将 2D 显示器上对应一个视点的视差图像的亮度设为最大值，其他视差图像的亮度设为最小值，这样在对应的视点测量得到的就是 3D 图像亮度。最常见的亮度测量仪器有锥光偏振仪、测角光度计以及成像光度计。

5.1.2　3D 图像串扰

助视/光栅 3D 显示器主要是将左、右视差图像采用某种方式分别送入人的左、右眼，从而实现 3D 显示。助视 3D 显示器向观看者提供左、右两幅视差图像，通过辅助观看设备将其送入人的左、右眼。光栅 3D 显示器可以同时显示两幅或者两幅以上的视差图像，通过光栅的分光作用，将视差图像送入人的左、右眼。但是，辅助观看设备和光栅的分光并不是完全彻底的，本该进入左(右)眼的视差图像会有微弱的部分进入右(左)眼，这就称为 3D 图像串扰。对于空间中的某一位置，人眼接收到的多幅视差图像的信息，将其中应该接收的视差图像光线的亮度称为非串扰亮度，而不应该接收的其他视差图像光线的亮度称为串扰亮度。在助视/光栅 3D 显示器中，串扰定义为一空间位置处的串扰亮度与非串扰亮度的比值。串扰是 3D 显示器的特性之一，串扰越小，3D 显示效果就越好。

5.1.3　3D 图像分辨率

在观看 2D 图像的时候，左右眼看到的图像是完全相同的。在看 3D 图像的时候，左、右眼看到的是略微不同的视差图像，大脑将左、右视差图像融合得到 3D 图像。换句话说，观看 3D 图像时，对应左、右眼的视差图像可以认为是独立传输的，左视差图像进入左眼，右视差图像进入右眼。左、右眼视差图像的分辨率相等，我们将这样的左、右眼视差图像的分辨率称为3D图像分辨率。之所以称为3D图像分辨率，是因为正是这样的两幅略微不同的视差图像融合才得到3D图像。3D图像分辨率越高，左、右眼看到的视差图像分辨率就越高，大脑融合得到的3D图像分辨率就越高，3D图像就越清晰。

5.2 离散深度平面的主观评价

目前多数的助视/光栅3D显示器都是基于2D数字显示设备的。数字显示设备将真实世界自然连续的画面离散化，显示的最小单位是像素节距 p。p 值越小，2D画面就越连续、细腻，p 值越大，2D画面就越离散不连续。根据双目视差原理，2D显示器上的两个视差点形成一个空间点。视差图像的最小显示单元是像素节距 p，视差图像之间的视差大小只能是 p 的整数倍，即…，$-2p$，$-p$，0，p，$2p$，…，这样就会导致空间点的离散分布。

首先，采用主观评价的方法验证观看者对深度平面的感知。选取的测试图像是两幅分辨率为1 024×768的黑色背景的视差图像，黑色背景上五对水平视差值递增的白色方块作为刺激物，如图5-1所示。左视差图中是一列五个上下对齐的白色方框，大小为35×35像素。右视差图中也是一列五个大小为35×35像素的白色方框，从上至下依次右移一个像素。左、右视差图像中的对应白色方框没有垂直视差，水平视差从上至下分别为26，27，28，29，30个像素。根据双目视差原理，测试图像经过人大脑的融合，将感知到五个深度位置不同的空间白色方框。五个白色方框代表五个深度位置的深度平面，所有具有相同水平视差大小的视差点都将位于同一深度平面。

(a)　　　　　　　　(b)

图 5-1　用于主观评价试验的测试图

(a)左眼图；(b)右眼图

2D 显示设备的像素节距 p 和深度平面的离散分布有直接的关系，为了验证它们之间的关系，要在不同像素节距 p 的条件下进行测试。为了更有效地控制像素节距，采用圆偏振光投影 3D 显示系统进行测试。两台型号为 Optoma-DP7250 的 DLP 投影机，左、右投影机前放置偏振态相反的圆偏振片，两幅投影出的视差图像经过圆偏振片后分别具有正向、相反的圆偏振状态，并显示在可以保持图像偏振特性的金属屏上，参与者佩戴与投影图像对应的圆偏振光眼镜，确保对应的左、右视差图像进入左、右眼，从而实现 3D 显示。当如图 5-1 所示的左、右视差图像进入人眼之后，大脑将其融合为 3D 图像，观看者将会感知到五个空间白色方框。为了使参与者能够更好地感知刺激物，在黑暗环境下进行测试。

我们做了三组测试，相等的观看距离 $l=1\ 000$ m，投影图像尺寸分别 10.1 in，15.1 in，20.2 in，对应像素节距分别为0.2 mm，0.3 mm，0.4 mm。20 个参与者，13 男 7 女，视力正常，立体感良好，年龄在 20～50 岁。实验之前，先告知参与者此次测试的方法，他们将参与 3 组测试，每一组测试之间休息 5 min。每一组测试之中，他们将看到五个空间的白色方框，请他们分辨出五个空间白色方框的前后位置关系，五个白色方框的前后位置关系分布分为三个离散度级别：

(1)离散度高，前后位置关系非常明显。

(2)离散度一般，前后关系能分辨出，但不是很明显。

(3)离散度低，无法分清前后位置关系。

第一组测试开始，投影测试图像像素节距为 0.2 mm，20 个人轮流观看并给出空间白色方块的离散度级别，休息 5 min 之后，观看像素节距为 0.3 mm 的测试图像，同样给出离散度级别，再休息 5 min，观看像素节距为 0.4 mm 的测试图像并给出离散度级别，测试结果如图 5-2 所示。

在图 5-2 中，横坐标是离散度级别，纵坐标是主观测试中感知相应深度平面离散度级别的人数。在像素节距 p=0.2 mm 的测试中，14 个参与者认为深度平面离散度高，4 个参与者认为深度平面离散度一般，2 个参与者认为离散度低。在像素节距 p=0.3 mm的测试中，17 个参与者认为深度平面离散度高，2 个参与者认为深度平面离散度一般，1 个参与者认为离散度低。在像素节距 p=0.4 mm 的测试中，20 个参与者认为深度平面离散度高，即所有参与者都能明显感知到深度平面的离散分布。这表明投影图像的像素节距越大，深度平面的离散度就越高。

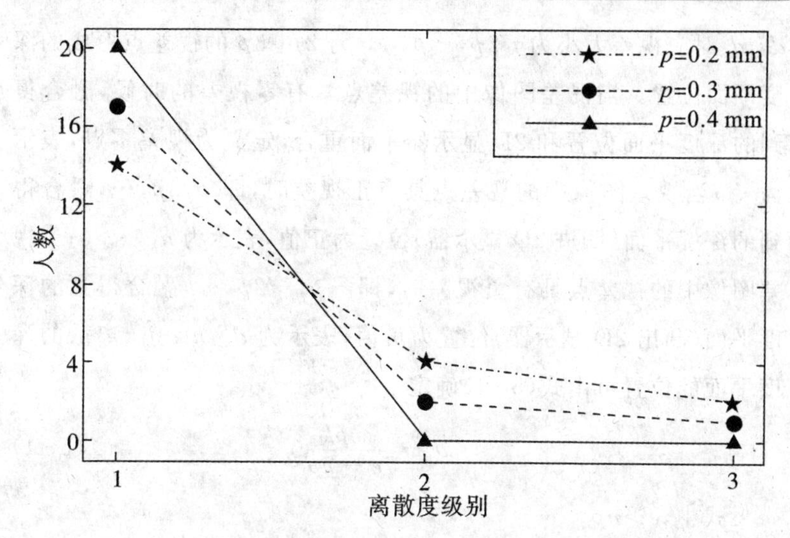

图 5-2　对应三种投影图像像素尺寸的深度平面离散度级别

5.3　3D 图像深度分辨率

3D 图像能够提供三维的空间场景，它在深度方向上的特性是其区别于 2D 图像最主要的特征之一。对 3D 图像深度方向上的特性研究有助于我们更加全面地描述 3D 图像，本节中首先定量计算 3D 图像深度分辨率，然后对其进行详细的分析。

5.3.1　3D 图像深度分辨率的计算

根据双目视差原理，2D 显示器显示的视差像素形成的空间点位置如图 5-3 所示。2D 显示器像素节距为 p，观看距离为 l，双眼间距为 e。视差图像中的视差大小只能是像素节距 p 的整倍数，具有相同视差大小的视差点位于同一深度平面上，d_{-2}，d_{-1}，d_0，d_1，

d_2,d_3对应视差大小为$-2p$,$-p$, 0, p, $2p$, $3p$的视差点形成的深度平面位置。当视差图像中的视差点具有零视差的时候,融合得到的深度平面位置和 2D 显示器平面重合,定义为视差零点,表示为d_0;当视差图像中的视差点具有正视差时,即p,$2p$,…,融合得到的深度平面(凹进 2D 显示器)位置为正值,表示为d_n,$n>0$;当视差图像中的视差点具有负视差时,即$-p$,$-2p$,…,融合得到的深度平面(凸出 2D 显示器)位置为负值,表示为d_n,$n<0$。离散的深度平面的位置可由式(5-1)确定

$$d_n = \frac{npl}{e - np} \tag{5-1}$$

式中,$e>np$。

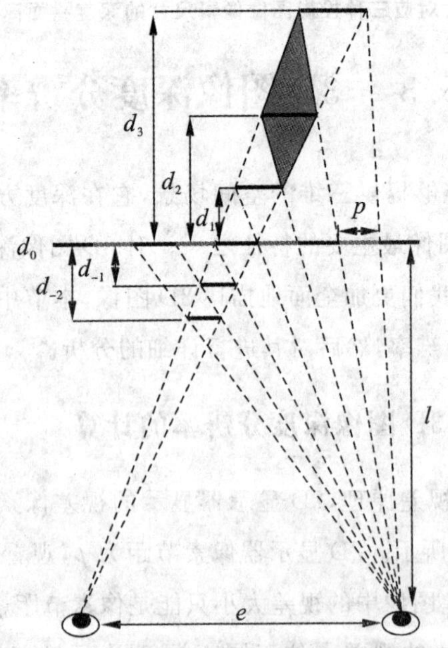

图 5-3　3D 图像的离散深度平面空间分布

3D 图像深度分辨率定义为在深度方向上每英寸内深度平面数目(PPI),用 S_n 表示,$S_n = 1/(d_n - d_{n-1})$。S_n 由式(5-2)表示

$$S_n = \frac{e - np}{pl} \tag{5-2}$$

5.3.2　3D 图像深度分辨率的分析

从式(5-2)可以看出,3D 图像深度分辨率不是一个固定值,它始终随着视差值 n 的变化而变化,不同视差大小对应的深度平面处具有不同深度分辨率。另外,它还和 2D 显示器的像素节距 p、双眼目距 e、观看距离 l 有关。正常情况下,人的双眼目距差别不大,一般为 65 mm,这里就不再讨论 3D 图像深度分辨率和目距之间的关系,主要讨论 2D 显示器像素节距 p 和观看距离 l 对 3D 图像深度分辨率的影响。

下面先讨论 2D 显示器的像素节距 p 确定时,3D 图像深度分辨率和观看距离 l 之间的关系。当 2D 显示器像素节距 p 为 0.1 mm,观看距离 l 分别为 1 000 mm,1 250 mm,1 500 mm 时,3D 图像深度分辨率如图 5-4 所示。

图 5-4 中横坐标表示视差图像的视差大小,是 2D 显示器像素节距的整倍数,视差值大小与深度平面位置一一对应。纵坐标表示对应某一视差大小的深度平面位置处的深度分辨率。三种不同的线型表示不同的观看距离。从图中可以看出,3D 图像深度分辨率随着视差的增大而线性递减。同时,随着观看距离的增加,3D 图像深度分辨率降低。

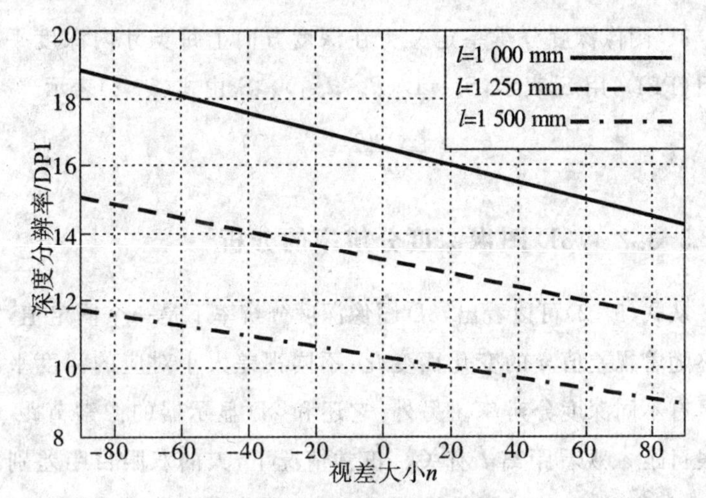

图 5-4 相同像素节距、不同观看距离情况下,3D 图像深度分辨随着视差的变化

讨论了 3D 图像深度分辨率和观看距离的关系之后,再来讨论当观看距离确定时,3D 图像深度分辨率和 2D 显示器的像素节距 p 之间的关系。当观看距离 $l=1\ 500$ mm 时,观看三种像素节距的 2D 显示器,$p=0.1$ mm, 0.2 mm, 0.3 mm,3D 图像深度分辨率如图 5-5 所示。

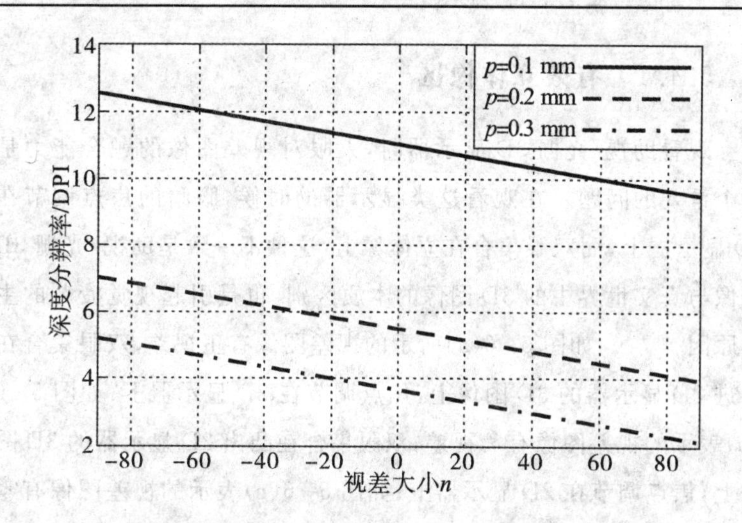

图 5-5　相同观看距离 l,不同像素节距 p 情况下,3D 图像的深度分辨率随着视差的变化

从图 5-5 可以看出,在相同的观看距离 l 下,随着 2D 显示器的像素节距增大,3D 图像深度分辨率减小。

5.4　用人眼的立体视觉来评价图像质量

和观看传统的 2D 图像不同,观看 3D 图像需要用到人眼的立体视觉功能,所以要评价 3D 图像质量,单单考虑图像质量本身是不全面的,还必须将人眼的立体视觉功能考虑进去。本节就引入人眼主要立体视觉功能来评价助视/光栅 3D 图像质量,包括视差融合能力和立体视觉阈值。

5.4.1 有效立体像区

观看助视/光栅 3D 显示器时，人眼对视差图像的融合能力是一个重要的问题。在观看这类显示器的时候，眼睛的焦点调节在 2D 显示器上，而双眼集合在立体像上，这种不一致是助视/光栅 3D 图像与真实世界中的 3D 图像的本质区别，也是引起视觉疲劳的主要原因[90-91]。如图 5-6(a)所示的视差图像有正视差，双眼集合在凹进 2D 显示器的 3D 图像上，焦点调节在 2D 显示器上；如图 5-6(b)表示的视差图像有负视差，双眼集合在凸出 2D 显示器的 3D 图像上，焦点调节在 2D 显示器上；如图 5-6(c)表示的视差图像有零视差。

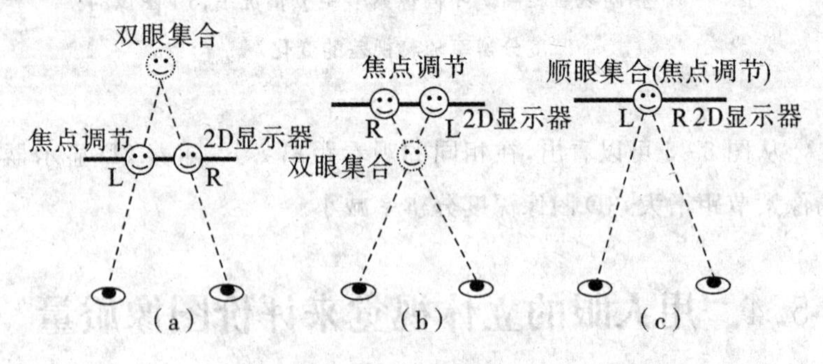

图 5-6 观看 3D 图像时双眼集合和焦点调节之间的不一致

从图 5-6 可以看出，视差图像的视差绝对值越大，双眼集合和焦点调节之间的不一致就越严重。不同视差大小的视差图像对应不同的深度平面，正视差值越大，3D 图像就越凹进 2D 显示器；负视差值越大，3D 图像就越凸出 2D 显示器。

研究表明，当双眼集合和焦点调节之间的不一致在一个阈值范围内时，人眼能够将视差图像融合成 3D 图像。反之，当这种不一致超过这个阈值范围时，人眼就不能将视差图像融合得到 3D 图像。我们称这个可融合范围为有效立体像区，可以直接反映助视/光栅 3D 图像可感知的 3D 图像深度范围，如图 5-7 中的范围 $A \sim B$，只有在这个范围内，观看者才能感知 3D 图像，此范围以外的 3D 图像是不能融合的。因此在拍摄视差图像时候，要将视差大小控制在一定范围内，保证这些视差图像形成的深度平面位于 $A \sim B$。有研究人员利用视差角融合阈值描述这个范围，并指出其值为 $\pm 1°$[92-93]。在图 5-7 中，观看距离为 l，眼睛的焦点调节始终在 2D 显示器上。当双眼集合在 2D 显示器上时候，视差角为 θ；当双眼集合在 2D 显示器前面或者后面时候，焦点调节和双眼集合之间即出现不一致，人眼能够融合的视差角融合阈值为 $\pm 1°$，对应的视差角分别为 $\theta + 1°$, $\theta - 1°$。根据几何关系，在已知观看距离 l 时，可确定有效率立体像区的范围 $[A, B]$。

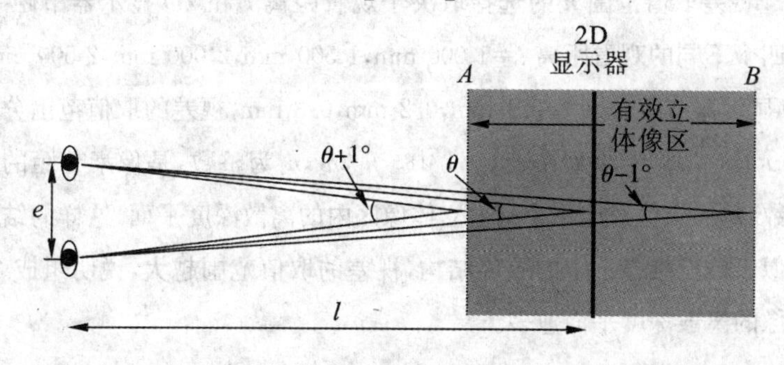

图 5-7　助视/光栅 3D 图像的有效立体像区，深度平面 A, B 分别对应视差角融合阈值 $+1°$, $-1°$

深度平面的位置取决于视差图像的视差大小，所以我们在选择视差大小的时候，要保证相应的深度平面不能超出效率立体像区的范围 $[A, B]$。离散深度平面的位置、视差大小 n 分别满足下列条件 JP

$$A \leqslant d_n = \frac{npl}{e - np} \leqslant B \tag{5-3}$$

$$\frac{Ae}{p(l + A)} < n < \frac{Be}{p(l + B)} \tag{5-4}$$

式中，n 为整数，$n>0$ 对应正视差，$n<0$ 对应负视差，$n=0$ 对应零视差。

根据几何关系，有效立体像区范围 $[A, B]$ 取决于 3D 显示器的观看距离 l 和视差角融合阈值。在视差角融合阈值确定后，一个确定的观看距离 l 对应一个有效立体像区范围。表 5-1 中列出了在不同观看距离 l 处的有效立体像区范围 $[A,B]$，2D 显示器平面位置为 0；负值对应负视差，表示 3D 图像凸出 2D 显示器平面最远的位置；正值对应正视差，表示 3D 图像凹进 2D 显示器平面最远的位置。

视差取值范围 n 的选择取决于观看距离 l 和 2D 显示器节距 p。取四个不同的观看距离 l=1 000 mm，1 500 mm，2 000 mm，2 500 mm，2D 显示器节距分别为 0.1 mm，0.2 mm，0.3 mm，视差的取值范围分别为 n_1，n_2，n_3，结果列在表 5-1 中。n_1，n_2，n_3 为整数，是像素节距的整倍数，每一个值对应一个有效立体像区内的离散深度平面，这样的结构类似于体三维显示中的层屏结构，视差的取值范围越大，说明组成 3D 图像的离散深度平面愈多。

表 5-1　助视/光栅 3D 图像有效立体像区和视差的取值范围

观看距离 /mm	有效立体像区 /mm	视差取值范围		
		p=0.1 mm	p=0.2mm	p=0.3mm
l	$[A, B]$	n_1	n_2	n_3
1 000	[−211, 367]	[−174, 174]	[−87, 87]	[−43, 43]
1 500	[−430, 1 012]	[−261, 261]	[−130, 130]	[−87, 87]
2 000	[−698, 2 320]	[−349, 349]	[−174, 174]	[−116, 116]
2 500	[−1 004, 5 106]	[−436, 436]	[−218, 218]	[−145,145]

5.4.2　立体视觉阈值分辨率

在观看 3D 图像的时候，人眼能够在深度方向上分辨出的最短距离称为立体视觉阈值。当观看空间物点 A 时候，两眼的视轴相交于 A 点，两视轴夹角θ 称为视差角，这个角度也被称为集合角，如图 5-8(a)所示。当观看远近不同的物体时候，视差角度会有所不同，如图 5-8(b)所示，远近位置不同的三个空间点 A,B,C，对应的视差角表示为θ_A,θ_B,θ_C。

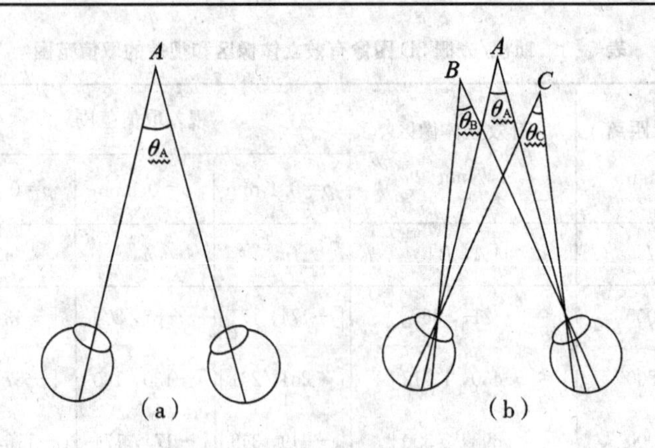

图 5-8 观看空间点的视差角

在观看助视/光栅 3D 显示器的时候，感知到的 3D 图像与人眼的距离用 L 表示，由 3D 显示器观看距离 l 和离散深度平面的位置 d_n 决定。L 和该距离处的立体视觉阈值 ΔL 由式(5-5)和式(5-6)确定

$$L = l + d_n \tag{5-5}$$

$$\Delta L = \frac{\Delta\theta_{\min} L^2}{e} \tag{5-6}$$

式中，e 为目距；$\Delta\theta_{\min}$ 为人眼立体视锐度，大约为 20"[94-95]。

从公式(5-6)可以看出，在不同深度位置的 3D 图像处，人眼在深度方向上的分辨能力是不同的。定义人眼立体视觉阈值分辨率为 S_L，$S_L = 1/\Delta L$。当 3D 图像深度分辨率大于 S_L 时，人眼不能分辨深度方向上离散的深度平面，3D 图像在深度方向连续，3D 效果好；当 3D 图像深度分辨率小于 S_L 时，人眼能够分辨出深度平面的前后位置关系，整个 3D 图像就像由很多层叠加而成，3D 效果就不好。

3D 图像深度分辨率与立体视觉阈值分辨率都是随着 3D 图像与

人眼的距离变化的，如图 5-9 所示。横坐标表示观看者与感知到的 3D 图像深度平面的距离，纵坐标表示 3D 图像的深度分辨率和立体视觉阈值分辨率。图 5-9(a)至(d)分别对应 l=1 000 mm，1 500 mm，2 000 mm，2 500 mm 四种观看距离的助视/光栅 3D 显示器。每一个观看距离，2D 显示器像素节距分别取 0.1 mm，0.2 mm，0.3 mm，3D 图像深度分辨率分别为 S_1，S_2，S_3。从图中可以看出，随着 3D 图像深度平面与人眼距离的增大，3D 图像的深度分辨率降低，同时，人眼的立体视觉阈值分辨率也随之变小。当 3D 图像深度分辨率小于人眼的立体视觉阈值分辨率时，人眼可以分辨出 3D 图像的深度平面，3D 图像在深度方向上就不够连续；当 3D 图像深度分辨率大于人眼的立体视觉阈值分辨率时，人眼不能够分辨出 3D 图像的深度平面，3D 图像在深度方向上看起来就是连续的。

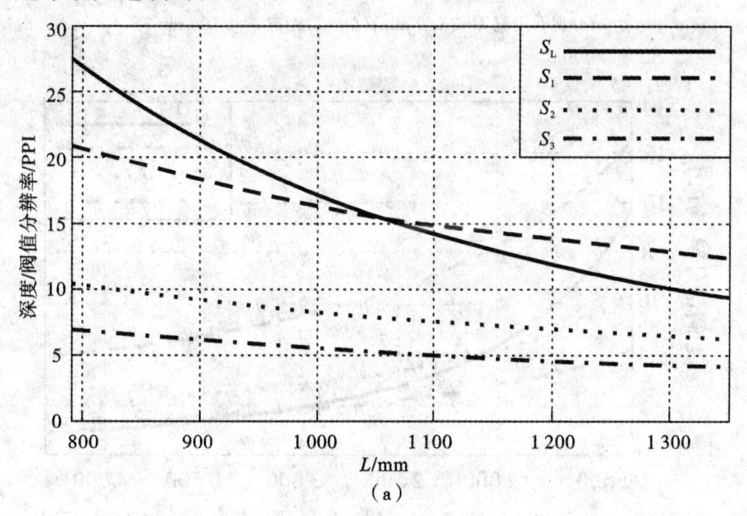

(a)

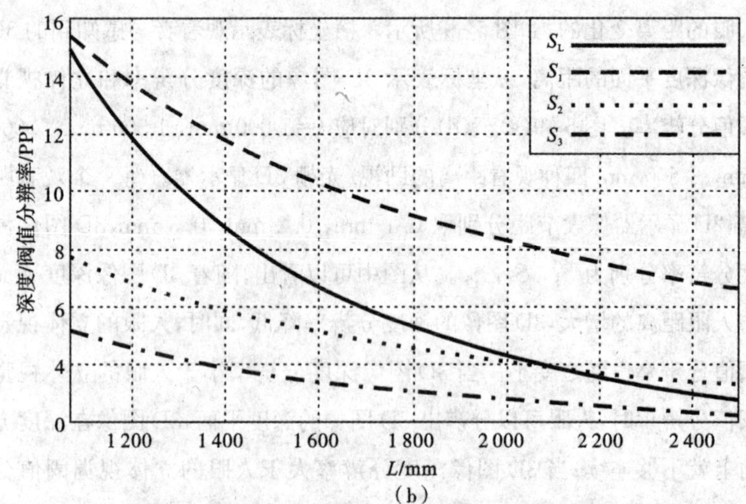

(b)

图 5-9　图像深度分辨和人眼的立体视觉阈值分辨率

(a)观看距离 l=1 000 mm;(b)观看距离 l=1 500 mm;

(c)观看距离 l=2 000 mm;(d)观看距离 l=2 500 mm

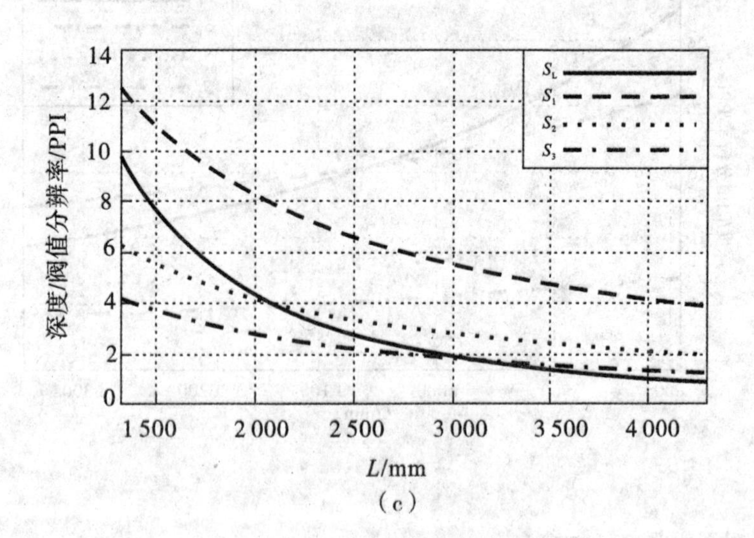

(c)

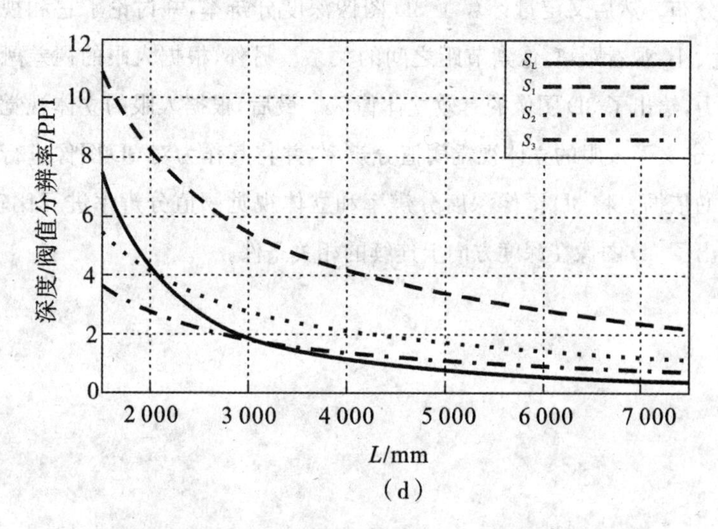

续图 5-9　图像深度分辨和人眼的立体视觉阈值分辨率

(a)观看距离 l=1 000 mm;(b)观看距离 l=1 500 mm;

(c)观看距离 l=2 000 mm;(d)观看距离 l=2 500 mm

要得到理想的 3D 图像,必须保证 3D 图像深度分辨率大于或等于人眼的立体视觉阈值分辨率,这样人们才感觉不到 3D 图像在深度方向上的离散性。从图 5-9 中可以看出,3D 显示器的观看距离越远,2D 显示器的像素节距越小,看到的 3D 图像质量就越好。

5.5　本章小结

在本章中,提出了一种对助视/光栅 3D 图像质量进行评价的方法。利用主观评价的方法证明人眼可以分辨出 3D 图像深度平面的离散分布。然后又定量计算了 3D 图像深度分辨率，并讨论了它和视差值大小、观看距离、像素节距之间的关系。另外，根据人眼的视差融合能力，给出了 3D 图像的有效立体像区。最后，根据人眼的立体视觉阈值，定义了人眼的立体视觉阈值分辨率，并将其作为对 3D 图像进行评价的依据。将 3D 图像深度分辨率和立体视觉阈值分辨率进行比较，给出了 3D 图像在深度方向上连续的相关条件。

第6章 总结及展望

本书提出了两种投影3D显示系统，该系统可以实现大尺寸、高分辨率的3D图像显示。投影3D显示系统利用柱透镜光栅将多幅视差图像合成一幅合成图像，显示在背投影屏上，再分别利用狭缝光栅或分光柱透镜光栅将合成图像中的不同的视差图像分光到正确的视点，从而实现3D显示。另外，本书还提出一种助视/光栅3D图像质量评价的方法，该方法能够反映3D图像在深度方向的空间特性。

6.1 主要工作总结

本书的主要工作包括以下几方面。

(1)对3D显示技术的发展、现状以及分类做了详细的介绍。详细叙述了目前研究比较多的3D显示技术，并逐一分析了它们各自的优点和缺点。

(2)人类之所以能感知 3D 图像,主要依赖于人类立体视觉特性,这是 3D 显示技术研究的基础。本书分类介绍了人眼的立体视觉特性,包括心理上的暗示和生理上的暗示,其中重点介绍了双目视差原理,光栅 3D 显示器的结构和原理,详述了其中重要的环节,包括视差图像的获取、处理以及合成。

(3)提出了一种基于柱透镜和狭缝光栅的投影 3D 显示系统,详细阐述了它的结构和设计原理。详细分析了合成图像的生成过程,柱透镜光栅的像差大小直接影响着合成图像的质量,因此,利用 ASAP 模拟实验的方法,对柱透镜光栅的参数进行优化,使其像差最小化。实验结果表明柱透镜光栅的折射率越大,柱透镜光栅的像差越小。对于节距确定的柱透镜光栅,孔径角越小,其像差越小。采用单应性原理对投影视差图像进行校正,使得从不同方向投影到背投影屏上的视差图像显示在同一矩形显示区域,消除了视差图像的畸变以及视差图像之间的垂直视差。采用两个测试投影图像验证校正方法,结果表明该方法可以得到预期的校正效果。根据设计原理,搭建了一套 50 in 的投影 3D 显示系统,并对其分光性能进行了验证。该系统实现了大尺寸、高分辨率的 3D 图像显示,3D 效果良好。

(4)提出了一种基于双柱透镜光栅的投影 3D 显示系统,阐述了其结构和设计原理。详细分析了分光柱透镜光栅的关键参数对 3D 显示效果的影响,包括焦距和节距,结果表明分光柱透镜光栅的焦距和观看距离成正比关系,分光柱透镜光栅的节距与视区宽度成正比关系,节距误差必须控制在一定范围之内才能实现 3D 显示。为了增大观看距离,需要长焦距的分光柱透镜光栅,我们采用复合柱透镜光栅解决了这一问题。分析了投影3D显示系统元件的装配误差对3D显示效果的影响。合图柱透镜光栅和分光柱透镜光栅之间的相对倾斜角度如果不能保持一致，将会导致莫尔条纹的产生，我们根据莫尔条纹的宽度来判断合图柱透镜光栅和分光柱透镜光栅的倾斜角度是否一致，通过反复调制，使得合图柱透镜光栅和分光柱透镜光栅的倾斜角度一致。背投影屏位于分光柱透镜光栅焦平面前面微小距离，需要增大观看距离来观看3D图像。分光柱透镜光栅和合成图像像素之间的水平相对位置存在误差时，视区分布的形状不发生改变，整个视区的分布沿着水平方向略有偏移。搭建了一套50 in的投影3D显示系统，并采用实验和模拟两种方法验证其分光性能。该系统实现了大尺寸、高分辨率以及高亮度的3D图像显示，3D效果良好。

(5)提出了一种对助视/光栅3D图像评价的方法，该方法可以反映3D图像的空间成像质量，即在深度方向上的质量。采用主观评价的方法验证了人眼对3D图像深度平面的感知，然后定量地计算了深度面分布。定义并分析了3D图像深度分辨率，定量地描述了3D图像在深度方向上的分布。以人眼的视差融合能力和立体视觉阈值为依据，分析评价了3D图像的空间成像质量。

6.2 主要创新点总结

本书的主要创新点有以下几点。

(1)提出了一种基于柱透镜和狭缝光栅的投影3D显示系统，详细阐述了其原理。利用ASAP模拟实验的方法，优化设计了柱透镜光栅的参数,使其像差最小化。搭建了一套 50 in 的投影 3D 显示系统,实现了大尺寸、高分辨的 3D 图像显示,3D 效果良好。

(2)提出了一种基于双柱透镜光栅的投影 3D 显示系统,详细阐述了其设计原理,分析讨论了投影 3D 显示系统元件装配误差对 3D 显示效果的影响。根据设计原理搭建了一套 50 in 的投影 3D 显示系统。相比基于柱透镜和狭缝光栅的投影 3D 显示系统,在实现了大尺寸、高分辨率 3D 图像显示的同时,图像的亮度提升了近2 倍。

(3)提出了一种能够反映助视/光栅 3D 图像空间成像质量的评价方法。采用主观评价的实验方法验证人们对离散深度平面的感知。定量计算了离散深度平面的分布,定义深度方向上每英寸内的深度平面数为 3D 图像的深度分辨率,用公式定量地表示了 3D 图像在深度方向上的分布情况。研究了立体视觉阈值分辨率和 3D 图像深度分辨率与相关参数,包括 2D 显示器的像素节距、观看距离等的变化关系,得到 3D 图像深度分辨率大于人眼的立体视觉阈值分辨率的参数条件。

6.3 展 望

在这个信息爆炸的时代,人类对信息的需求量越来越大。传统 2D 显示器所提供的二维画面虽然已经接近完美,但是其始终无法真实地还原 3D 世界,似乎总是缺少了一些真实感。人类长期接触传统的 2D 显示器,早已失去最初的新鲜感,显示领域仿佛不会有大的突破了。随着人类社会的发展、科技的进步,一些曾经只是设想而没有实现的3D显示技术进入人们的生活,人们对新生事物追求的欲望再次被唤醒。她的身临其境,她的美轮美奂,她的触手可及,她的惊心动魄吸引着观看者的眼球,刺激着观看者的每一个细胞,她成为人们追崇的一种显示模式。反过来,正是这种追崇,使得3D显示技术具有强大的生命力,具有广阔的市场和前景。目前看来,整个3D显示技术属于转型的阶段,处在由技术转向产品的阶段,世界各国都很重视这项研究,如果能在这个阶段抓住时机,取得一些专项核心技术,意义重大。例如,日、韩之所以能够在2D显示领域有霸主地位,正是归功于在关键时期掌握了核心显示技术。总的来说,3D显示技术具有广阔的前景,同时也具有重要的意义。

目前来看,终极的3D显示技术应该是没有视疲劳的真3D显示技术,而在这之前,会有一段过渡时期。在过渡时期内,一些相对简单易实现,且效果良好的3D显示技术会率先进入市场,暂时成为3D显示领域的主力。其中,光栅3D显示技术因最有潜力成为过渡时期的主力3D显示技术,因为它具有结构简单,易于实现,立体效果逼真,无须助视设备,可供多名观看者同时观看等优点。光栅3D显示技术已成为近年来的研究热点,并且已有部分产品进入市场。

传统的基于2D显示器的光栅3D显示技术由于受限于2D显示器的制作工艺,难以实现大尺寸、高分辨率的3D图像显示。本书提出的基于柱透镜和狭缝光栅的投影3D显示技术,恰恰解决了这一问题,除了具有传统光栅3D显示技术的优点之外,还具有分辨率高、尺寸大的优点。本书详细阐述了设计原理和结构,搭建了投影3D显示系统,并对其视区进行了分析。这种投影3D显示系统在大尺寸的3D显示领域具有较大的应用前景。

但是,本书的研究工作还没有达到完美,尚有一些不足需要进一步完善。主要包括以下几点:①采用的背投影屏分辨率不是很高,存在横向漫射的问题,一幅投影视差图像经过柱透镜光栅后在屏上形成的图像并不完全明暗相间,相邻视差图像之间有部分重叠,因此,对于背投影屏的研究还要进一步深入,有望采用分辨率更高的光学屏代替传统的屏,实现画质的提升。②大尺寸的柱透镜光栅稳定性较差,易产生形变,受外界的因素影响较大,如温度、震动等。需要进一步研究柱透镜光栅在某些条件下的变化规律。同时还要对传统的柱透镜光栅加以改进,增强其物理稳定性。③采用深度分辨率对助视/光栅3D图像进行评价,能够反映其在深度方向上的特性,有一定的意义,但是还不完善,需要进一步系统地研究,使其成为描述3D图像的一个性能指标。

参考文献

[1]W A I Jsselsteijn, H D Ridder. Subjective evaluation of stereoscopic images: effects of camera parameters and display duration[J]. IEEE Transactions on Circuits and System for Video Technology, 2000, 10(2): 225-233.

[2]A P Sokolov. Autostereoscopy and integral photography by professor Lippmann's method[M]. Moscow: Moscow State University Press, 1971.

[3]D Gabor. A new microscopic principle[J]. Nature, 1948, 161: 777-779.

[4]王琼华. 3D 显示技术与器件[M]. 北京: 科学出版社, 2011.

[5]K. N. Kim, J. H. Lim, H. B. Jeong, et al. Linear inductive antenna design for large area flat panel display plasma processing[J]. Microelectronics Engineering, 2012, 89: 133-137.

[6]T Kawai. 3D displays and applications[J]. Displays,

2002，23(1)：49-56.

[7] T Yendo，T Fujii，M Tanimoto，et al. The Seelinder：Cylindrical 3D display viewable from 360 degrees[J]. Journal of Visual Communication and Image Representation，2010，21：586-594.

[8]毕家瑜，张之江，董志华. 多视点自由立体显示系统建模及分析[J]. 光学技术，2009，35(4)：575-578.

[9]伍胜男，伍春洪. 三维集成成像技术及其在发展三维电视上的应用[J]. 江西科学，2004，22(2)：110-114.

[10] A Smolic. 3D video and free viewpoint video - from capture to display[J]. Pattern Recognition，2011，44(9)：1958-1968.

[11]李万利. 设计双目视差立体电视系统的技术研究. 电子质量[J]，2001，(11)：133-138.

[12]J J Amodei，D L Staebler. Transport measurements and holographic techniques[J]. Journal of the Franklin Institute，1973，296(6)：451-460.

[13]S V Pappu. Holographic optical elements：State-of-the-art review：Part 2[J]. Optics & Laser Technology，1989，21(6)：365-375.

[14]M Fratz，P Fischer，D M Giel. Full phase and amplitude control in computer-generated holography[J]. Optics Letters，2009，34(23)：3659-3661.

[15]王金城，郭欢庆，郎海涛，等. 数字合成全息系统[J]. 光电子激光，2002，13(7)：740 - 743.

[16]M G Lippmann. Epreuves reversibles donnant la sensation du relief[J]. Journal de Physique，1908，(7)：821 - 825.

[17]Y Kim，J H Park，S W Min，et al. Wide - viewing - angle integral three - dimensional imaging system by curving a screen and a lens array[J]. Applied Optics，2005，44(4)：546 - 552.

[18]J H Park，H R Kim，Y Kim，et al. Depth enhanced three - dimensional - two - dimensional convertible display based on modified integral imaging[J]. Optics Letters，2004，29(23)：2734 - 2736.

[19]B G Blundell. Volumetric three dimensional display systems[M]. New York：A Wiley Inter - science Publication，2000.

[20]高伟清，冯奇斌，吕国强，等. 固态体积式真三维显示器高速投影镜头设计[J]. 激光与光电子学进展，2010，47(1)：011204 - 1 - 011204 - 7.

[21]姜太平，沈春林，谭皓. 真三维立体显示技术[N]. 中国图像图形学报，2003，8(4)：361 - 366.

[22]林远芳，刘旭，刘向东，等. 基于旋转二维发光二极管阵列的体三维显示系统[J]. 光学学报，2003，23(10)：1158 - 1162.

[23]J H Cho, M. Bass, H P Jenssen, et al. Development of a scalable volumetric three - dimensional up - conversion displaymedium [C]. SID07: 1228 - 1231.

[24]彭宝剑，王琼华. 显示器用上转换红色发光材料的特性研究[J]. 激光杂志，2007，28(4)：30 - 31.

[25]M Fritz, H Jorke. INFITEC - a new stereoscopic visualisation tool by wavelength multiplex imaging [C]. Journal of Three Dimensional Images, 2005, 19(3): 50 - 56.

[26]A J Woods, C R Harris. Comparing levels of crosstalk with red/cyan, blue/yellow, and green/magenta anaglyph 3D glasses[C]. Proceedings of SPIE, 2010, 7524: 1 - 12.

[27]H Kang, S D Roh, I S Baik, et al. A novel polarizer glasses - type 3D displays with a patterned retarder[C]. SID Symposium Digest of Technical Papers, 2010, 41(1):1 - 4.

[28]J C Liou, F G Tseng. 120 Hz low cross - talk stereoscopic display with intelligent LED backlight enabled by multi - dimensional controlling IC[C]. Displays, 2009, 30(4): 148 - 154.

[29]张晓兵，安新伟，刘璐，等. 头盔显示器的发展与应用[J]. 电子器件，2000，23(1)：51 - 59.

[30]Q L Zhao，Z Q Wang，T G Liu. Design of optical system for head - mounted micro - display[J]. Optik，2007，118(1)：29 - 33.

[31]H Jorke，M. Fritz. INFITEC - a new stereoscopic visualisation tool by wavelength multiplex imaging [J]. Proceedings of Electronic Displays，September，2003.

[32]R Engle. Beowulf 3D：a case study[J]. Proceedings of SPIE，2008，6803：68030R - 1 - 68030R - 9.

[33]潘冬冬，王琼华，李大海，等. 偏振眼镜立体显示的立体串扰度及其影响因素[J]. 光学技术，2009，35(4)：517 - 518.

[34]http://www. dlp. com/projector/dlp—innovations/dlp - link. aspx.

[35]H E Ives. Parallax panoramagrams for viewing by reflected light[J]. Journal of the Optical Society of America，1930，20：585 - 592.

[36]A Yano，K Sayanagi，T Okoshi. Three - dimensional displays using various screen[J]. Proceedings of the Society of Photo - Optical Instrumentation Engineers，Japan Seminar，1972，6:26 - 27.

[37]N. A. Valyus. Stereoscopy. Focal press，New York，1966.

[38]R. Borner. Autostereoscopic 3D - imaging by front and rear projection and on flat panel displays[J].

Displays, 1993, 14(1): 39 - 46.

[39] T Okoshi, A Yano, Y Fukumori. Curved triple mirror screen for projection - type three - dimensional display. Applied Optics, 1971, 10(3): 482 - 489.

[40] H E Ives. Reflecting screens for relief picture projection[J]. Journal of the Optical Society of America, 1931, 21: 109 - 118.

[41] S Genie. De Lassus. U S Patent No. 2, 139, 885, 1934.

[42] T Okoshi, K Hotate. Projection - type white - light reconstruction of 3 - D images from a strip - shaped hologram[J]. Applied Optics, 1975, 14(12): 3078 - 3081.

[43] T Okoshi, A Yano. Reduced - information projection - type holography using a horizontally direction selective stereoscreen[J]. Optics Communications, 1971, 3(2): 85 - 88.

[44] 贾正根. 全息屏立体显示[J]. 现代显示, 1998,(1): 51 - 54.

[45] C C Tsao, J S Chen. Moving screen projection: a new approach for volumetric three - dimensional display[J]. Proceedings of SPIE, 1996, 2650: 254 - 261.

[46]Y Takaki, S K Uchida. Table screen 360 - degree three－dimensional display using a small array of high - speed projectors[J]. Optics Express, 2012, 20(8): 8848 - 8861.

[47]H Horimai, D Horimai, T. Kouketsu, et al. Full-color 3D display system with 360 degree horizontal viewing angle[J]. Proceedings of Symposium of 3D and Contents, 2010, 7 - 10.

[48]R Otsuka, T Hoshino, Y Horry. Transpost: a novel approach to the display and transmission of 360 degrees - viewable 3D solid images[J]. IEEE Transactions on Visualization Computer Graphics, 2006, 12(2): 178 - 185.

[49]谷千束. 高临场感显示. 薛培鼎,译. 北京: 人民出版社, 2003.

[50]J S Jang, Y S Oh. Spatiotemporally multiplexed integral imaging projector for large - scale high - resolution three dimensional display[J]. Optics Express, 2004, 12: 557 - 563.

[51]Y H Tao, Q. H. Wang, J. Gu, et al. Autostereoscopic three - dimensional projector based on two parallax barriers[J]. Optics Letters, 2009, 34: 3220 - 3222.

[52]P Boher, T Bignon, T Leroux. Autostereoscopic

3D display characterization using fourier optics instrument and computation in 3D observer space[J]. Proceedings of Information Display Workshop, 2008, 2079-2082.

[53]Y Nojiri. Visual comfort / discomfort and visual fatigue caused by stereoscopic HDTV viewing[J]. Proceedings of SPIE, 2004, 5291: 303-313.

[54]M Salmimaa, T Järvenpää. Objective evaluation of multiview autostereoscopic 3D displays[J]. SID Digest, 2008, 267-270.

[55]J Harrold. Performance of a convertible, 2D and 3D parallax barrier autostereoscopic display[J]. Proceedings of IDRC, 2000, 280-283.

[56]M Salmimaa, T Jarvenpaa. Characterizing autostereoscopic 3-D displays[J]. Information Display, 2009, 25:8-11.

[57]P Boher, T Leroux, T Bignon, et al. Multispectral polarization viewing angle analysis of circular polarized stereoscopic 3D displays[J]. Proceeding of SPIE, 2010, 7524: 75240R.

[58]T Komatsu, S Pastoor. Puppet theater effect observing stereoscopic images[J]. Technical Report of IEICE, IE92-104, 1993, 39-46.

[59]H Yamanoue, M Okui, I Yuyama, et al. A study

on the relationship between shooting conditions and cardboard effect of stereoscopic images[J]. IEEE Transaction on Circuits and Systems for Video Technology, 2000, 10(3): 359-365.

[60]H Yamanoue, M Okui, F Okano, et al. Geometrical analysis of puppet-theater and cardboard effects in stereoscopic HDTV images[J]. IEEE Transaction on Circuits and Systems for Video Technology, 2006, 16(6): 744-752.

[61]J A Norling. The stereoscopic art-a reprint[J]. Journal of Smpte, 1953, 60(3): 286-308.

[62]Y Yamada, T Oyama, S Imai. Handbook of psychology of perception [J]. Seishin Shobo, Tokyo, 1969.

[63]B Julesz. Binocular depth perception of computer-generated patterns[J]. Bell System Technical Journal, 1960, 39(5): 1125-1162.

[64]大越孝敬. 三维成像技术[M]. 北京: 机械工业出版社, 1982.

[65]李凤鸣. 眼科全书[M]. 北京: 人民卫生出版社, 2002.

[66]J Prevoteau, S C Piotin, D Debons, et al. Real 3D video capturing for multiscopic rendering with controlled distortion[J]. Proceedings of SPIE, 2010,

7524：75240Y-1-75240Y-11.

[67]王爱红，王琼华，李大海，等. 立体显示中立体深度与视差图获取的关系. 光学精密工程[J]，2009，17(2)：433-438.

[68] H Yamanoue. The differences between toed-in camera configurations and parallel camera configurations in shooting stereoscopic images[J]. IEEE Multimedia and Expo，2006，1701-1704.

[69]H J Kang，N Hur，S Lee，et al. Horizontal parallax distortion in toed-in camera with wide-angle lens for mobile device[J]. Optics Communications，2008，281(6)：1430-1437.

[70]马颂德，张正友. 计算机视觉：计算理论与算法基础[M]. 北京：科学出版社，1998.

[71]Z Y Zhang. A flexible new technique for camera calibration[J]. IEEE Pattern Analysis and Machine Intelligence，2000，22(11)：1330-1334.

[72]张琳，刘曦，李大海，等. 一种YUV颜色空间下的多视差图像偏色校正方法[J]. 液晶与显示，2010，25(2)：278-282.

[73]邓欢，王琼华，李大海，等. 平行摄像机阵列移位法获取视差图像的研究[J]. 光子学报，2009，38(11)：2985-2988.

[74]F L Kooi，A Toet. Visual comfort of binocular and

3D displays[J]. Displays, 2004, 25: 99 - 108.

[75]M Zhu, Y J Ge, S F Huang, et al. Stereo vision rectification based on epipolar lines match and three variables projective matrix[J]. IEEE International Conference on Integration Technology, 2007, 133 - 138.

[76]H Deng, Q H Wang, D H Li, et al. Virtual toed - in camera method to eliminate parallax distortions of stereoscopic images for stereoscopic displays[J]. Journal of the Society for Information Display, 2010, 18(3): 193 - 256.

[77]王元庆. 光栅式自由立体显示器光学构成的理论研究[J]. 现代显示, 2003, 3: 29 - 32.

[78]K Sakamoto. Parallax polarizer barrier stereoscopic 3D display systems[J]. Proceedings of the 2005 International Conference on Active Media Technology, 2005: 469～474.

[79]Q H Wang, Y H Tao, W X Zhao, et al. A full resolution autostereoscopic 3D display based on polarizer parallax barrier[J]. Chinese Optics Letters, 2010, 8(1): 22 - 23.

[80]S K Kim, S H Park, Y J Kim, et al. High optical performance of 7" mini - monitor based on 2D - 3D convertible autostereoscopic display[J]. IMID Di-

gest, 2009, 1367-1370.

[81]Q H Wang, Y H Tao, D H Li, et al. 3D Autostereoscopic liquid crystal display based on lenticular lens[J]. Chinese Journal of Electron Devices, 2008, 31(1): 296-298.

[82]Y G Lee, J B Ra. Image distortion correction for lenticula misalignment in three-dimensional lenticular displays[J]. Optical Engineering, 2006, 45(1): 017007-1-017007-9.

[83]Y Choi, H R Kim, K H Lee, et al. A liquid crystalline polymer microlens array with tunable focal intensity by the polarization control of a liquid crystal layer[J]. Applied Physics Letters, 2007, 91: 221113-221115.

[84]B Lee, J H Park. Overview of 3D/2D switchable liquid crystal display technologies[J]. Processing of SPIE, 2010, 7618: 761806-1-761806-10.

[85]W A I Jsselsteijn, H D Ridder. Subjective evaluation of stereoscopic images: effects of camera parameters and display duration[J]. IEEE Transactions on Circuits and System for Video Technology, 2000, 10(2): 225-233.

[86]B Zhang, Y Li. Homography-based method for calibrating an omnidirectional vision system[J].

Journal of the Optical Society of America, 2008, 25: 1389-1394.

[87]孙凤梅，胡占义．平面单应矩阵对摄像机内参数约束的一些性质[J]．计算机辅助设计与图形学学报，2007，19(5)：647-650.

[88]W X Zhao, Q H Wang, A H Wang, et al. An autostereoscopic display based on two-layer lenticular lens[J]. Optics Letters, 2010, 35: 4127-4129.

[89]H K Hong, J Park, S C Lee, et al. Autostereoscopic multi-view 3D display with pivot function, using the image display of the square subpixel structure[J]. Displays, 2008, 29: 512-520.

[90]D M Hoffman, A R Girshick, K Akeley, et al. Vergence-accommodation conflicts hinder visual performance and cause visual fatigue[J]. Journal of Vision, 2008, 8(3): 1-30.

[91]S Yano, M Emoto, T Mitsuhashi. Two factors in visual fatigue caused by stereoscopic HDTV images [J]. Displays, 2004, 25:141-150.

[92]T Iwasaki, T Kubota, A Taware. The tolerance range of binocular disparity on a 3D display based on the physiological characteristics of ocular accommodation[J]. Displays, 2009, 30: 44-48.

[93]C Shigeru. 3D consortium safety guidelines for pop-

ularization of human - friendly 3D[J]. Eizo Joho Media Gakkai Gijutsu Hokoku, 2006, 30: 21 - 24.

[94]D B Diner, D H Fender. Human engineering in stereoscopic display devices[J]. New York: Plenum Press, 1993.

[95]S P McKee. The spatial requirements for fine stereoacuity[J]. Vision Research, 1983, 23: 191 - 198.